"十四五"普通高等教育本科部委级规划教材

机织物创新设计

王阳　李秋宇　曹阳　黄易◎著

U0241323

中国纺织出版社有限公司

内 容 提 要

本书以材料发展为主线，结合新材料、新工艺、新理念和国际化的设计方法，介绍了一系列针对未来纺织品、时尚纺织品的机织物创新设计方法。旨在从纺织业发展趋势出发，从创新设计角度出发，结合新材料的发展，将可持续纺织与纺织品色彩、纹样、工艺、材料和造型设计有机结合，使本书成为一本多学科交叉的综合性著作。本书结合大量设计案例、教学案例，剖析设计理论，建立科学有效的设计流程，力争图文并茂、深入浅出。

本书的读者对象以机织物设计研究者、从业者、教育者、学习者为主，纺织品设计爱好者也可参考阅读。

图书在版编目（CIP）数据

机织物创新设计 / 王阳等著 . -- 北京：中国纺织出版社有限公司，2025.3. --（"十四五"普通高等教育本科部委级规划教材）. --ISBN 978-7-5229-2004-7

Ⅰ. TS105.1

中国国家版本馆 CIP 数据核字第 20249Z2R51 号

责任编辑：朱利锋　　责任校对：高　涵　　责任印制：王艳丽

中国纺织出版社有限公司出版发行
地址：北京市朝阳区百子湾东里A407号楼　邮政编码：100124
销售电话：010—67004422　传真：010—87155801
http://www.c-textilep.com
中国纺织出版社天猫旗舰店
官方微博http://weibo.com/2119887771
北京通天印刷有限责任公司印刷　各地新华书店经销
2025年3月第1版第1次印刷
开本：889×1194　1/16　印张：13.5
字数：225千字　定价：78.00元

前言

　　机织物创新设计在当前纺织行业中占据着举足轻重的地位，其不仅体现了纺织技术的不断进步，也满足了市场对新型、高性能纺织品的需求。纺织行业在我国有着扎实的发展基础，本书围绕纺织行业的发展目标，构建绿色发展模式，提高行业科技含量，为行业培育高端纺织品设计人才，提高时尚创新力。机织物设计是一个综合性强、涉及面广的应用学科领域，和材料的多样性、工艺技术的突破性、设计的创新性有着密切的关联。创新设计的机织物面料广泛应用于服装、家纺、产业用等领域。例如，在服装领域，创新面料可以制作出具有特定功能或良好穿着体验的服装；在家纺领域，创新面料可以制作出具有美观、舒适、环保等特点的床上用品、窗帘等；在产业用领域，可以制作出具有高强度、耐高温、耐腐蚀等特点的工业用布、过滤材料等。所以机织物的设计不仅涉及纱线的选择、织造工艺的优化，还涉及织物性能、外观、手感等众多因素。

　　机织物创新设计即在面料的美观性、功能性、环保性和舒适性等方面不断创新和追求突破。本书在机织物的设计理论方法、思维技巧和创新思想上给读者以新的设计思路和有效的设计参考，从纱线知识的普及，到织造前期的设计调研、色彩定位、材料选用及小样织造分别做了详细讲解，为读者提供设计工作必备的知识结构、逻辑思维与分析能力，使其熟悉并懂得应用织物设计的原理，有效地提高自己的设计和创新能力，开拓设计视野，在设计过程中逐步形成清晰、独立和创新的思维，以及自我学习、自我提升的能力，成为对纺织行业有贡献力量的设计人才。

　　在本书撰写过程中，我们根据每一位教师的专长安排了各章节的编写分工。其中，第一章纺织纤维的种类由李秋宇老师撰写；第二章机织物设计概念与探索发展由黄易老师撰写；第三章机织物织造准备由曹阳老师撰写；第四章机织物创新设计方法和第五章机织物创新设计案例由王阳老师撰写。全书由王阳统稿。本书中的图片资料主要是近年来笔者创作的教学案例和优秀学生的原创设计作品。

1

机织物创新设计是一个复杂而重要的过程，它涉及众多方面的考量和创新。随着科技的进步和市场产品多样化需求的变化，机织物创新设计将迎来新的挑战和机遇。作为高校的教育者，我们应具备时代前沿设计的洞察力，在教育过程中为学习者打下扎实的基础，使其更好地完成专业成长之路。

　　由于笔者受自身学识造诣、专业视域、思考方式等方面的限制，书中内容难免会有欠妥或疏漏之处，在此恳请相关领域的专家及读者批评指正。

王阳

2024年6月

目录

第一章

纺织纤维的种类

纤维是构成织物的最基本材料，通常是指直径几微米或几十微米，长度是其直径的许多倍的细而长的物质。纤维的性能和特征是影响面料外观及各项性能的主要因素。纤维的分类方法很多，而按照来源分类是一种最常用的分类方法，主要分为天然纤维和化学纤维两大类。

第一节 天然纤维

一、天然纤维素纤维

天然纤维素纤维即来自自然界种植的纤维，又称为植物纤维。主要包括棉和麻两大类，其物质组成主要为纤维素。

（一）棉纤维

早在东汉时期，棉花就出现在西北、西南和南方边疆地区，成为一种经济作物。到了宋代，广大的江南和川蜀地区兴起了棉花种植和纺织生产的热潮。"棉布"开始出现在人们的日常生活中，并因为轻便、保暖、柔软的特性而逐渐代替了麻与毛皮，成为继葛、麻、羊毛之后中国最古老的纺织品之一（图1-1）。

图1-1 棉花

（二）麻纤维

亚麻是世界上最古老的纺织纤维，埃及人早在公元前5000年就开始使用麻，我国也自古就有"布衣""麻裳"之说。由于麻制品穿着吸湿透气，凉爽舒适，一直应用至今，尤其用作夏季服装备受欢迎。由于麻的加工成本较高，产量较小，加之自然粗犷的独特外观迎合了人们崇尚自然、追求个性化的消费理念，使麻纤维成为一种时髦纤维。服用麻纤维的种类主要有苎麻、亚麻、大麻、黄麻、罗布麻、洋麻和青麻等。

（1）苎麻。苎麻属荨麻科多年生宿根植物（图1-2），苎麻纤维颜色洁白，有丝样光泽，且具有抗菌、防臭、吸湿、排汗

图1-2 苎麻植物

功能，苎麻纤维织物适合用于服装面料，以及制作窗帘、台布、床上用品等多种家纺产品。苎麻织物下水后变硬，有别于遇水手感较为柔软的亚麻织物。

（2）亚麻。亚麻是亚麻科亚麻属植物的韧皮纤维。亚麻纤维手感粗硬，但比苎麻纤维纤细柔软，断裂伸长率在3%左右，因此亚麻织物挺括、爽滑、弹性差、易折皱。亚麻纤维的吸湿放湿速度快，能及时调节人体皮肤表层的生态温度环境。这是因其具有天然的纺锤形结构和独特的果胶质斜边孔结构。当它与皮肤接触时产生毛细管现象，可协助皮肤排汗，并能清洁皮肤。同时，它遇热张开，吸收人体的汗液和热量，并将吸收到的汗液及热量均匀地传导出去，使人体皮肤温度下降。遇冷则关闭，保持热量。另外，亚麻能吸收其自重20%的水分，是同等密度其他纤维织物中最高的。亚麻纤维制成的织物具有很好的保健功能，具有独特的抑制细菌作用。

（3）大麻。大麻为一年生直立草木桑科大麻属植物，又称汉麻、火麻等。大麻纤维分子结构较松散，手感柔软，具备吸湿排汗、抗菌、抗紫外线、耐高温等性能。大麻纤维制品广泛应用于服装、家纺、帽子、鞋材、袜子，以及太阳伞、露营帐篷、渔网、绳索、汽车坐垫、内衬材料等。

（4）黄麻。黄麻为椴树科黄麻属一年生草本植物，又称络麻、绿麻、野洋麻等。黄麻的种植量和用途仅次于棉花。黄麻纤维吸湿性能好，散失水分快；抗张强度很高，延展性低，防水性能较好。黄麻纤维制品主要用于制作麻袋、粗麻布等土工布，以及包装布、造纸、绳索、地毯和窗帘。

（5）罗布麻。罗布麻属野生植物，纤维较柔软，表面光滑，有保健作用。

（6）洋麻。洋麻具有很好的吸湿透气性，逐渐被应用于服装中。

（7）青麻。青麻为锦葵科一年生草本植物，茎部韧皮纤维主要用于制麻袋、绳索，编渔网和造纸。

二、天然蛋白质纤维

天然蛋白质纤维即从自然界动物中获取的纤维，可称为动物纤维。主要有动物毛发（羊毛、羊绒等）和腺体分泌物（蚕丝、蜘蛛丝等）两大类，其物质组成主要为蛋白质。

（一）毛纤维

人类使用羊毛的历史可以追溯到八九千年前的新石器时代，到了六千年前的安那托利亚（小亚细亚）半岛，人们已经懂得使用羊身上的毛发保暖御寒，或作为装饰之物。到十五六世纪，克什米尔地区的居民发现了羊绒，他们将这些柔软的纤维从羊毛中剥离出来，制成漂亮柔软的披巾。

1. 羊毛

羊毛纤维是服装业的重要原料，具有许多优良的特性。它由羊皮肤上的细胞发育而成，属于多细胞纤维，其主要成分是蛋白质。刚从羊毛身上剪下来的毛叫原毛，原毛里含有较多的油脂、羊汗和植物性杂质，必须经过洗毛、炭化除去各种杂质才能应用于纺织面料的生产。由于羊的品种、产地和羊毛生长的部位等不同，羊毛纤维的品质有很大的差异。

2. 山羊绒

山羊绒简称羊绒，是紧贴山羊表皮生长的浓密细软的绒毛，平均细度14～16μm，具有细腻、轻盈、柔软、保暖性好等优点，用于羊绒衫、羊绒大衣、高级套装等。由于其品质优、产量小，一只山羊产绒100～200g，所以很名贵，素有"软黄金"之称。我国是羊绒的生产和出口大国，占世界产量的40%。

3. 马海毛

马海毛原产于土耳其安哥拉地区，所以又称安哥拉山羊毛。目前，南非、土耳其、美国是马海毛的三大产地。马海毛纤维粗长、卷曲少、弹性足、强度大，加入织物中可增加身骨，提高产品的外观保持性。纤维鳞片扁平、重叠少、光泽强，可形成闪光的特殊效果，而且不易毡缩。马海毛常与羊毛等纤维混纺，用于高档服装、羊毛衫、围巾、帽子等制品，还是生产提花地毯、长毛绒、银枪大衣呢等的理想原料。

4. 兔毛

兔毛由绒毛和粗毛组成，一般绒毛直径12～14μm，粗毛直径48μm左右，通常粗毛含量在15%左右。兔毛的髓腔发达，无论粗毛、细绒都有髓腔，所以兔毛具有轻、软、保暖性优异的特点。但由于兔毛纤维鳞片不发达、卷曲少、强度较低，纤维间抱合力差，容易掉毛，所以兔毛很少单独纺纱，经常与羊毛等其他纤维混纺制成针织物、大衣呢等产品。近年采用等离子体刻蚀的方法改善了兔毛掉毛的不足。兔毛品种中，安哥拉兔毛（Angora）品质最好，制品应用最广。

5. 骆驼毛

骆驼有单峰驼与双峰驼两种，单峰驼毛较少，短且粗，很少使用。双峰驼的毛质轻，保暖性好，强度大，具有独特的驼色光泽，被广泛采用。我国是世界骆驼毛的最大产地，主要产于内蒙古、新疆、宁夏、青海等地区，其中宁夏骆驼毛最好。骆驼毛也有粗毛和绒毛之分，粗毛多用于制衬垫、衬布、传送带等产品，经久耐用；绒毛可制成高档的针织、粗纺等织物，用于高级大衣、套装、絮填料等产品。

6. 牦牛毛

牦牛毛主要产于我国的西藏、青海等地区。牦牛毛分为粗毛和绒毛，其中绒毛细软、滑腻、弹性好、光泽柔和、保暖性好，可与羊毛、化纤、绢丝等混纺，用牦牛绒制成的牦牛绒衫及牦牛绒大衣曾在市场上流行一时。粗毛可制作衬垫织物、帐篷、毛毡等产品。

7. 羊驼毛

羊驼属于骆驼科，主要产于秘鲁。粗细毛混杂，平均直径22～30μm，细毛长50mm，粗毛长达200mm。羊驼毛比马海毛更细、更柔软，而且富有光泽，手感非常滑腻，多用于加工大衣、毛衣等制品，是国际市场上继羊绒之后又一流行的动物毛纤维。

8. 骆马毛

骆马是南美高原的一种野生动物，属骆驼科。其纤维平均直径只有13.2μm，是最细的动物纤维，具有柔软、光泽好等优点。因此骆马毛是目前纺织纤维中最昂贵的一种，多用于高档时装。

9. 小羊驼绒

小羊驼是生活在南美洲安第斯山脉海拔3650～4800m高的无峰骆驼，隶属骆驼科，在同类中体形较小，性情温和。小羊驼身上长有厚厚的、精柔华贵的绒毛，是世界上最细、最柔软的动物纤维。

（二）丝纤维

1. 蚕丝

蚕丝纤维是由蚕吐丝而得到的天然蛋白质纤维。丝纤维来自蚕的腺体，是蚕的腺分泌物吐出以后凝固形成的线状长丝，其主要成分是蛋白质。由于蚕有左右两个绢丝腺，所以吐出来的是两根单丝，在外面包覆丝胶，蚕丝从蚕茧上分离下来后经合并形成生丝。由于生丝外面包有丝胶，因此生丝的手感较硬、光泽较差，一般要在后加工中脱去大部分的丝胶，形成柔软平滑、光泽悦目的熟丝。

蚕丝种类根据生长环境不同可以分为桑蚕丝与柞蚕丝。桑蚕又名家蚕，室内饲养，因食桑叶而得名。柞蚕在比较寒冷的北方山区的柞树林中生长，属野蚕种类，因食柞树叶而得名，受自然界环境影响很大。桑蚕丝色白、光泽好，而柞蚕丝天生具有淡黄色色素，不易去除（图1-3）。

（a）桑蚕茧、桑蚕丝　　　　　　　　　　（b）柞蚕茧、柞蚕丝

图1-3　桑蚕丝和柞蚕丝的比较

005

第一章　纺织纤维的种类

2. 蜘蛛丝

蜘蛛吐出的蜘蛛丝（图1-4）是天然蛋白质纤维。蜘蛛的腺液离开蜘蛛体后，立刻成为固体，形成一种蛋白质丝，即蜘蛛丝。蜘蛛丝是一根单独的长丝，纤维直径为400～600nm，属超细纤维。蜘蛛丝是天然的高分子纤维和生物材料。蜘蛛有各种各样的腺体，可产生具有不同结构和功能的丝。

蜘蛛丝可分为7类（图1-5），其中大壶腹腺分泌的拖丝（又称牵引丝）是一种具备高强度和延展性的蜘蛛丝，也是目前研究最为深入的蜘蛛丝之一。小壶腹腺丝用于构建蜘蛛网的中心螺旋结构，使蜘蛛网稳定。鞭毛状腺丝具有很好的延展性。蜘蛛丝具有强度大、弹性好、柔软、质轻等优良性能，尤其是可以吸收巨大的能量，是制造防弹衣的绝佳材料。蜘蛛丝还可用于结构材料、复合材料和宇航服装等高强度材料。

图 1-4　蜘蛛丝

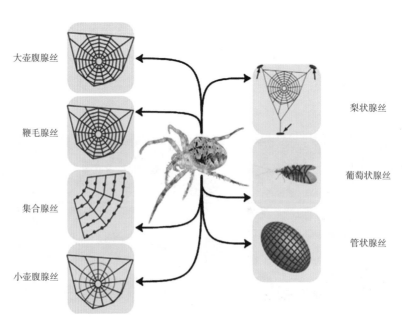

图 1-5　蜘蛛丝的种类

第二节 化学纤维

化学纤维可分为再生纤维、常规合成纤维和新型纺织纤维。

一、再生纤维

再生纤维可分为再生纤维素纤维、纤维素酯纤维、再生蛋白质纤维。

（一）再生纤维素纤维及纤维素酯纤维

1. 黏胶纤维

黏胶纤维（图1-6）是以木材、棉短绒、竹材、甘蔗渣、芦苇等为原料，经物理化学反应制成纺丝溶液，然后经喷丝孔喷射出来，凝固而成的纤维。

2. 莫代尔纤维

莫代尔纤维属于第二代高湿模量黏胶纤维，第一代高湿模量黏胶纤维为波里诺西克（Polynosic）纤维，我国商品名为富强纤维，日本称为虎木棉。后来，国际人造丝和合成纤维标准局把高湿模量黏胶纤维统称为莫代尔纤维。它具有生物降解性，在生产过程中不产生类似黏胶纤维的污染环境问题。该纤维采用洁净的溶剂法纺丝工艺制造而成，其生产过程符合环保要求，被誉为"21世纪的绿色环保纤维"。莫代尔纤维在光泽度、柔软性、吸湿性、透气性、染色性、染色牢度方面均优于纯棉产品。

3. 莱赛尔纤维

莱赛尔（Lyocell）纤维是由英国考陶尔公司发明，后转由瑞士蓝精公司生产，商品名为Tencel，在我国的商品名是采用其谐音"天丝"。莱赛尔纤维产品如图1-7所示。

图1-6 黏胶纤维

图1-7 莱赛尔纤维产品

4. 铜氨纤维

铜氨纤维是将棉浆、木浆中的纤维素原料溶解在铜氨溶液中，经后加工而制得。因此跟黏胶纤维一样，同属于再生纤维素纤维。但纤维素的溶解工艺与黏胶纤维不同，获得的纤维性状也发生了一些变化。铜氨纤维成本比黏胶纤维高。铜氨纤维吸湿性好、易染色，不易产生静电。干强与黏胶纤维接近，但湿强高于黏胶纤维，织物较耐磨，极具悬垂感，服用性能优良。常用做高档丝织或针织物、服装里料等。

5. 醋酯纤维

醋酯纤维又称醋酸纤维（简称醋纤），是用含纤维素的天然材料经过一定的化学加工而制得的，具有生物可降解性。醋酸纤维是将多年生长的树木制作成没有杂质的木浆，通过醋酸酐的作用形成纤维素酯，再将纤维素酯经溶解、脱泡等工序形成纤维素纤维的醋酸纤维丝。其主要成分是纤维素醋酸酯，因此不属于纤维素纤维，性质上与纤维素纤维相差较大，与合成纤维有些相似。常见的醋酯纤维分为二醋酯纤维和三醋酯纤维两种，通常说的醋酯纤维多指二醋酯纤维。

醋酯纤维易变形，也容易回复，不易起皱，手感柔软，具有蚕丝风格，弹性优于黏胶纤维。醋酯纤维的耐酸碱性都不如纤维素纤维，吸湿性明显低于黏胶纤维和天然纤维素纤维，因此织物的吸湿、透气性不如黏胶纤维织物和天然纤维素纤维织物，静电现象严重。织物可以水洗，不易缩水和变形，但温度不宜过高。

6. 竹纤维

竹纤维是以竹子为原料制成的新型纤维素纤维，包括竹原纤维和竹浆纤维。竹原纤维是通过对天然竹子进行类似麻脱胶工艺的处理，形成适合在棉纺和麻纺设备上加工的纤维，生产的织物真正具有竹子特有的风格与感觉；竹浆纤维则是以竹子为原料，通过黏胶生产工艺加工成的新型黏胶纤维，在显现黏胶纤维特性的同时，也体现出竹纤维特有的手感柔软、滑爽、悬垂性好、飘逸、凉爽等优点。

竹浆纤维的细度、白度与普通精漂黏胶纤维相近。有良好的吸放湿性、透气性，穿着舒适。具有耐久的消臭抗菌作用，耐磨性好，可降解，可再生。

（二）再生蛋白质纤维

再生蛋白质纤维有大豆蛋白纤维和牛奶蛋白纤维两种。大豆蛋白纤维是以出油后的大豆废粕为原料，运用生物工程技术，将豆粕中的球蛋白提纯，并通过助剂、生物酶的作用，用湿法纺丝工艺纺成单纤0.9~3.0dtex的丝束，稳定纤维的性能后，再经过卷曲、热定形、切断，即可生产出各种长度规格的纺织用高档纤维。

1. 大豆蛋白纤维

大豆蛋白纤维横向截面近似豆瓣状，结构较紧密、均匀，含有一定量的微小空洞和缝隙；

大豆蛋白纤维的纵向有不规则的条纹和不连续的细微裂缝。大豆蛋白纤维面料悬垂性好，用高支纱织成的织物，表面纹路光洁、清晰，是高档的衬衣面料。以大豆蛋白纤维为原料的面料手感柔软、滑爽，质地轻薄；其吸湿性与棉相当，而导湿透气性远优于棉；具有抑菌抗菌、防紫外线、发射远红外线和负氧离子等人体保健功能。

2. 牛奶蛋白纤维

牛奶蛋白纤维是以牛乳作为基本原料，经过脱水、脱油、脱脂、分离、提纯，使之成为一种具有线型大分子结构的乳酪蛋白，再采用高科技手段与聚丙烯腈进行共混、交联、接枝，制备成纺丝原液，最后通过湿法纺丝成纤、固化、牵伸、干燥、卷曲、定形、短纤维切断（长丝卷绕）而成。值得重点一提的是，随着合成纤维的产生和发展，这种类似于真丝结构的新型牛奶长丝，于1969年实现工业化生产，商品名为Chino，产品定位是手术缝合线。

二、常规合成纤维

常规合成纤维包括涤纶、锦纶、腈纶、丙纶、氨纶、维纶、氯纶等。

（一）涤纶

涤纶应用广泛，是世界上用量最大的纤维。常见的商品名还有达可纶（Dacron）、特多纶（Tetron）等。随着石油资源的不断枯竭，用可乐瓶等回用材料加工的环保涤纶已越来越普遍。

（二）锦纶

普通锦纶是纵向平直光滑、截面圆形、具有光泽的长丝。力学性能、耐磨性居各种纤维之首，弹性好，刚性小，与涤纶相比保形性差，给予很小的拉伸力织物就变形。吸湿性方面，公定回潮率为4.5%，易起静电，舒适性差。热学性能不如涤纶，熨烫温度为120～130℃。耐酸不耐碱。耐光性差，阳光下易泛黄。

（三）腈纶

腈纶于1950年开发成功，商品名有奥纶（Orlon）、阿可利纶（Acrilan）、克雷斯纶（Creslan）等，号称"人造羊毛"。按照纤维长度来分有棉纺腈纶、毛纺腈纶和精纺腈纶。其中，棉纺腈纶长度为38mm，毛纺腈纶长度为64mm，精纺腈纶长度为109mm左右。按照用途来分有固体腈纶、膨体腈纶两种。另外还有改性腈纶、阻燃腈纶、发热腈纶、仿麻腈纶等。

（四）丙纶

丙纶于1957年开始工业生产，其生产工艺简单、成本低，是最廉价的合成纤维之一。进入20世纪70年代，随着纺丝工艺及设备的改进，非织造布的出现和迅速发展，聚丙烯纤维的发展与应用有了广阔的前景。1992年，世界聚丙烯产量为1276万吨，聚丙烯纤维产量已近300万吨。目前，我国聚丙烯的生产能力已达百万吨以上，丙纶产量约为22.5万吨，其产量仅次于腈纶。

（五）氨纶

氨纶于1945年由美国杜邦公司开发成功，商品名为莱卡（Lycra），也称斯潘德克斯（Spandex）。氨纶以其卓越的高弹性，迎合了追求舒适随意、简洁明快、合体性感的现代设计风格，因此，自20世纪90年代开始掀起了席卷全球的弹性浪潮。氨纶在产品中主要以包芯纱或与其他纤维合股的形式使用。

（六）维纶

维纶又称维尼纶（vinylon，vinal），维纶短纤维具有棉的风格，故有"合成棉花"之称。

（七）氯纶

氯纶即聚氯乙烯纤维，是最早开发的合成纤维，原料丰富，工艺简单，成本低廉，是目前最廉价的合成纤维之一，但由于产品的热稳定性差等原因，其制品始终处于低谷。

三、新型纺织纤维

随着科学技术的不断进步和生活水平的不断提高，人们对舒适、休闲、卫生、安全、环保的要求不断提高，一批新型纺织纤维被相继开发出来。

（一）新型生物质再生纤维

1. 甲壳素纤维

甲壳素纤维是由甲壳素或甲壳胺溶液纺制而成的纤维，是继纤维素纤维之后的又一种天然高聚物纤维。自然界的天然有机高分子物中，数量居第三位的就是甲壳素（chitin），每年生物天然合成量达100亿吨，存在于虾、蟹（图1-8）、昆虫的甲壳、真菌及菌类植物的细胞壁，并可从中被提炼而得。甲壳素纤维具有很好的吸湿透气性和保湿性能，具有抗菌、消炎、止痛的作用。

2. 海藻类纤维

海藻类纤维是从海洋中提取藻类植物（图1-9），以海藻酸为原料经纺丝加工而成的纤维。海藻纤维由于原料来自天然海藻，纤维具有良好的生物相容性、可降解吸收性等特殊功能，用这种海藻纤维制成的面料比一般纤维制成的面料更能保持和提高人体表面温度。海藻纤维可与棉、麻、丝、毛等各种纤维混纺，增强其阻燃性能、抑菌性和舒适性。

图 1-8　螃蟹壳

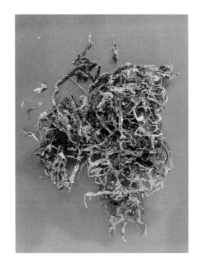
图 1-9　海洋藻类：褐藻

（二）新型生物质合成纤维

1. 聚乳酸纤维

聚乳酸（PLA）纤维是一种可完全生物降解的化学纤维。聚乳酸纤维是以玉米和小麦为原料提炼出来的，以乳酸为基础结构。乳酸是一种存在于动植物和微生物体内的常见天然化合物，它极易在土壤或海水中受微生物的作用而自然完全分解，因此不会造成环境污染。聚乳酸被认为是当今最有前途的可降解聚合物之一。

聚乳酸纤维具有良好的耐热性、热稳定性，手感柔软，外观透明，具有真丝般的光泽，可采用分散染料进行染色，而且颜色较深。目前，聚乳酸纤维已有长丝、短纤维、单丝、复丝和非织造布等各类品种，可用于服装、日常用品（如包装袋、抹布、餐巾等）、农林园艺用材料、卫生与医用材料等。聚乳酸纤维是一种可完全降解、资源可再生的环保型纤维。

2. PTT 纤维

PTT纤维兼有涤纶、锦纶、腈纶的特性，除防污性能好外，还易于染色，手感柔软，富有弹性，弹性类似氨纶但比氨纶更易于加工，非常适合应用于服装面料；除此以外，PTT还具有干爽、挺括等特点。预计在不久的将来，PTT纤维将逐步替代涤纶和锦纶，成为21世纪大规模使用的纤维。

PTT纤维织物在织物开发过程中，较多采用与其他纤维混纺或交织的方式。利用PTT纤维的优良性能，可以加工低弹伸缩和手感柔软的弹性机织物和弹性针织物。利用PTT纤维加工的混纺纱，手感好，穿着舒适，易洗快干，免烫性佳，弹性回复性好，适合制作运动衣。PTT纤维可以与棉、竹纤维等混纺，可以生产休闲裤和夹克等服装。PTT纤维具有良好的抗污性，静电干扰小，化学稳定性好，可以加工地毯，PTT地毯在磨损和洗涤后仍具有较好的弹性。PTT纤维可以加工针刺和水刺非织造布，也可以通过纺粘法和熔喷法直接成网加工成具有良好性能的非织造布。

（三）废弃资源循环再生纤维

随着石油资源与能源逐渐消耗，新型资源与能源的开发及现有资源的节约与回收循环再利用越来越被人们所提倡和重视。"可持续发展"的理念也越来越被人们所认知和认同。纤维材料领域的资源再生利用就包含着非常丰富的内容。例如，纤维生产过程中不可避免地产生的废丝、废料块，旧的服用、家纺用及产业用纺织品，各种产业用包装袋材料等。饮料、食用油包装瓶等，仅在我国每年就有数百万吨之多。纤维材料大多来源于数亿年才能得以再生的石油、煤炭等人类赖以生存的资源与能源，也就是说它们的节约与再生利用关系到人类的生存与可持续发展。当前世界，仅聚酯产量已逾4000万吨，包括纤维用、瓶用及其他工程塑料用，其中至少有1/4左右有可能回收再利用。

以回收聚酯为例，回收的聚酯瓶片、废丝、废料块或聚酯纤维成分的旧服装可以直接纺制聚酯长丝或短纤维，用于服用及家纺面料、土工布、油毡基布等。还可用于制造发泡PET工程塑料，它具有高强度、质轻、隔音、隔热等性能。也可在飞机、火车、汽车等交通工具及建筑用保温材料等诸多领域发挥优异的功能，具有高附加价值。

（四）差别化纤维

差别化纤维是差别化化学纤维的简称，指通过化学或物理改性，使常规纤维的形态结构、组织结构发生变化，提高或改变纤维的物理、化学性能，使常规化纤具有某种特定性能和风格。它可以克服化纤的一些缺点，赋予纤维新功能，满足产品风格、功能要求，并取得仿生效果。目前主要有异形纤维、高收缩纤维、超细纤维、复合纤维等。

1. 异形纤维

异形纤维是指用异形喷丝孔纺制的非圆形横截面的合成纤维。最初由美国杜邦公司于20世纪50年代初推出三角形截面纤维，继而，德国又研制出五角形截面纤维。60年代初，美国又研制出保暖性好的中空纤维。由于异形纤维的制造及纺织加工技术比较简单，且投资少、见效快，因此发展比较快。在服用、装饰用及产业用纺织品领域有着广阔的市场前景，显示出普通纤维难以比拟的优越性。目前市场上应用较多的有三角形截面、五角形截面、三叶形截面、Y形截面、双十字截面、扁平形截面、中空等异形纤维。

2. 高收缩纤维

通常把沸水收缩率在35%~45%的纤维称为高收缩纤维。目前常见的有高收缩聚丙烯腈（腈纶）和高收缩聚酯纤维（涤纶）两种。高收缩腈纶与普通合成纤维及天然纤维混纺、交织，可制成具有独特风格的毛织、丝织、色织和针织产品，在这些纤维中加入高收缩腈纶后，无论是纱线还是织物都更加蓬松，弹性好，手感佳。这类织物经沸水处理后，因收缩率不同可产生立体蓬松的效果，如高收缩腈纶与普通腈纶、羊毛、麻、兔毛混纺，可制成仿羊绒、仿马海毛、仿麻、仿真丝类产品，这些产品具有手感柔软、质轻蓬松、富有弹性、保暖性好等特点。高收缩涤纶与常规涤纶、羊毛、棉花等混纺或与涤/棉、纯棉交织，可生产具有独特风格的织物，如机织泡泡纱、凹凸型提花织物、条纹织物和各种绉类织物等。利用高收缩涤纶长丝与低收缩及不收缩涤纶丝合并网络，成纱后织成织物，再经沸水处理，则纤维产生不同程度的卷曲，使织物呈现立体蓬松感，使用这种组合纱生产的仿毛织物丰满、厚实、无极光，物美价廉。高收缩涤纶丝与低收缩涤纶丝交织，以高收缩纤维织底或织条格，低收缩纤维丝提花织面，织物经过后处理加工，产生永久性泡泡纱或高花绉，产品手感柔软、丰满，立体感强，尤其适宜夏季穿用。

3. 超细纤维

超细纤维源于20世纪70年代的日本，一般是指单丝线密度在0.55dtex以下的纤维。目前，我国将1dtex左右的纤维称为细旦纤维，将0.5~1dtex的纤维称为微细纤维，将小于0.3dtex的纤维称为超细纤维。

超细纤维可用于生产高舒适性织物，品种有涤纶、丙纶、锦纶、腈纶、黏胶纤维等，手感柔软而细腻，柔韧性好，光泽柔和，可以织成高密度防水透气织物，保暖性强，具有高吸水性和高清洁能力等。但因其固有的特性，也使超细纤维的加工难度较大，生产成本较高。采用超细纤维生产纺织品，其织造、染色、后整理工艺不同于普通织物的生产工艺。目前，超细纤维主要应用于高密度防水透气织物、仿桃皮绒织物、高吸水性材料、仿麂皮及人造皮革、洁净材料等领域，装饰材料、保温材料、医用材料及生物工程等领域也有广泛的应用。

4. 复合纤维

近年来，随着纤维科学的发展，复合纤维的品种越来越多，从纤维的横截面形态来分主要有并列型、皮芯型、海岛型及多组分型，不同类型的复合纤维，具有不同的特性。复合纤维最突出的特点是大多数都具有三维空间的立体卷曲，所以具有高度的蓬松性、伸长率和覆盖能力。有的复合纤维经过适当的加工，还可制成吸湿性优良的多孔纤维或质地非常柔软的超细纤维。

（五）功能性纤维

功能性纤维主要包含防护功能纤维、卫生保健功能纤维和其他功能纤维等。其中防护功能纤维主要适用于在各种特殊环境下，对人体安全、健康及提高生活质量具有一定的保证作用。目前，应用在服装上较多的有阻燃纤维、防辐射纤维、抗静电纤维、导电纤维和抗紫外线纤维等，卫生保健功能纤维目前常见的有抗菌纤维、远红外纤维、芳香纤维、吸湿排汗纤维等，其他功能纤维还包括形状记忆纤维、发光纤维、变色纤维、相变调温纤维、太阳能发电纤维等。人们正在不断开发新型的功能性纤维，以满足人们日益增长的对纺织品的美学和功能性要求。

（六）高性能纤维

高性能纤维是指在外部环境的作用下不易产生反应或变形，在各种恶劣的情况下能保持本身性能的纤维。此类纤维大多具有很高的强度和模量（承受很大的负荷也不变形），或能够耐高温和各种化学品等。高性能纤维包括高性能有机纤维和高性能无机纤维两大类。高性能有机纤维包括子弹打不透的芳香族聚酰胺纤维，以及阻燃、耐磨、耐高温、绝缘、耐腐蚀的聚苯硫醚（PPS）、聚醚醚酮（PEEK）、聚四氟乙烯（PTFE）、聚酰亚胺（PI）等纤维。高性能无机纤维主要包括质量轻、强度高、手感滑爽的碳纤维，如目前世界上最薄、最坚硬的石墨烯纤维，以及玄武岩纤维、碳化硅纤维、氧化铝纤维等。这些纤维最初大多为军用，随着科学技术的进步和生产成本的降低，逐渐进入民用领域。

纤维、纱线、高性能材料与纺织品设计已经不再仅仅是满足人们对穿衣用布的生活需求，同时也是高科技智能纺织工艺实现的基础。从一根纱，到一匹布，我们首先赋予了它设计之美，再通过设计和工艺赋予其实用功能。未来的智能纺织品设计的人才培养目标就是面向国家未来纺织服装产业需求，培养具备纺织科技基础知识、中华传统文化底蕴、纺织品艺术设计创造能力和国际化视野的高端纺织设计人才。

第二章

机织物设计概念与探索发展

　　本章将从设计创意的角度来探讨应当如何
开始一个机织物设计项目，通过设计调研与创
意发展的方法介绍，让初学者能够更容易地掌
握机织物设计的思考切入方式。还增加了机织
物色彩的内容，目的也是能够让学习者更好地
理解，在机织物这个特定工艺媒介门类中相关
设计语言的思考与实践形式。

第一节 关于机织物设计

机织物可以被描述成是由两个交织体系（经与纬）所构成的多维空间，不管是复杂多层织物还是最简单的交织结构，都只是通过这两个变量的变化组合来完成。作为人类历史上最早开始通过实践获取的纺织品种类，在与材料、织布机密切漫长的实践互动过程中，机织物也在很大程度上影响、塑造了人类思考与造物的理念与方式，体现了人类重要的身份与文化归属。纺织品悠久丰富的历史是当代设计创意发展的重要依托，而机织物作为纺织品中最有代表性的工艺媒介之一，为叙事、回忆唤起和情感表达提供了巨大可能性。从本质上来说，机织物设计是通过色彩、材料、质感、结构等元素形式构成视觉性创意概念叙述的方式。

一、设计定义

关于"设计"一词，存在着多种不同的定义。对于机织物或纺织品这个维度而言，概括来说，设计是一种以视觉作为主要特征来激发创新、创造力的活动。相较于探讨什么是设计，我们可能更需要关心什么是好的设计。纺织品作为一种产品的范畴，它的功能性是最为基本的要素。如果一个产品外观精美却无法实现设计的目标，那么它就失去了意义。相反地，如果一个产品在功能上达到了预期标准，但外观不够美观，那么这是否可以称为好的设计呢？英国工艺美术运动（The Arts & Crafts Movement）领导人威廉·莫里斯（William Morris）认为，设计应该能够"匹配目的"。然而，几乎任何人都会告诉你，产品不仅要具备良好的功能性，还应当有美好的外观。不论是否有意识，人们都期望被美好的事物所包围，从而带来视觉的愉悦感。消费者购买产品的原因通常包括品牌声誉、质量（耐用性）、功能、合理价格、外观，因此，不管是从事何种品类领域的设计工作，这些要素都构成了设计背后的基础性逻辑。

二、设计目的

那么，我们为什么进行设计和创作呢？设计的本质与我们进行设计的动机并不相同，设计活动发生的动力来自对某个设计领域的热情和兴趣，设计所需技能包括问题解决、解释、沟通及对所处领域深入研究学习的能力。设计师们都希望在进行设计实践的过程中提升对其所在领域的理解和技能，同时也希望能不断有所改进与突破。

同时也必须认识到，设计不仅是关乎技术上的创新，更是一种深刻的思想表达和社会责任。设计不仅关乎个人的兴趣与热情，还应该承载对社会、文化和环境的关怀。设计师的角色不仅在于提供美学上的解决方案，更在于承担起引领社会发展方向的责任。设计之所以存在，是为了满足人们的需求，改善生活环境，解决社会问题。当人们提到"设计"时，也在谈论对世界的关注和改变，这种改变并不仅限于个人审美趣味的追求。设计不仅是美的追求，更是对人类社会和文明的反映。

设计师进行创作的方式在某种程度上受到他们所从事设计领域的影响，因为某些专业需要采用相对固定的方法。而对于大多数的设计活动来说，对于功能因素的考量最具有普遍性。从这点来看，它不仅决定了产品背后的思考过程，还决定了产品的制造方式，例如，在机织物领域就体现在对纱线、色彩或结构的选择上。而对这些问题的思考与实践则构成了设计的过程。这种过程（尤其是纺织品设计）普遍而言是非常个性化的，是个体对于工艺及使用材料的认知、把握、发展直至精通的不断深化的进程。

在设计的过程中，人们常常会发现"为什么"比"怎么做"更为重要。这是因为一个设计不仅是为了展示美感，更是为了传递价值和意义。在机织物设计中，选择纱线、色彩和结构不仅是技术层面的决策，更是对文化、历史和社会的认知和回应。设计师的使命不仅在于创作美丽的纺织品，还在于通过设计作品传达文化、传统和价值观。

特别是在纺织品设计领域，设计是一种融合艺术与工艺的过程。它不仅局限于创作美观的产品，更在于传达文化和情感。设计师需要通过对工艺的认知和把握，将自己对生活、文化和时代的理解融入作品中。这种个性化的设计过程，是对工艺的不断深化与探索，也是对自我认知和审美追求的表达。

设计师的创作动机源于对美的追求，但更深层次的是对社会和人类生活的关怀和改善。设计的价值不仅在于外在美感，更在于内在的文化积淀和情感表达。通过设计，人们传递着对美好生活的向往，对文化传承的尊重，以及对未来的探索与期待。

三、如何成为一名优秀的设计师

一个优秀的设计师，不仅需要拥有好奇心和勇于提问的意识，还要具备在周围环境中寻找、认识和诠释潜在设计可能性的能力，并能以视觉的方式传达、激起他人对设计概念的兴趣。尽管大多数设计师都有各自的设计流程与方法，但其中也有可遵循的共同点：首先，以灵感作为起点，从中收集和获取调研素材，进而产生想法和观点；其次，在调研中逐步形成概念、目标、挑战和主题；再次，是诠释转化、设计发展、探索试验并改进这些想法；最后，产出设计成果，并进行应用评估与反思。出色的纺织品设计师应当能够敏锐地捕捉周围环境的脉动，从中获取创作灵感，并将这些灵感转化为具体的设计概念。这种转化过程不仅是对技术手段的运用，更是对于文化、历史和环境的解读和表达。因此，设计师需要具备跨学科的知识和能力，能够将各种不同领域的信息和元素融入设计中，使设计作品更富有文化内涵和时代价值。

作为机织物设计师，虽然并不需要达到织造工人的技能水平，但要进行织物设计，必须了解机织物工艺的基本原理，对于技术工艺的扎实理解是产生优秀作品的基础条件。一个好的设计师同时还需要学会倾听不同的意见，并能够自我评估和判断，具备独立解决、发展、优化设计问题的技能。这些方面将积极地推进设计师专业素养的不断提升。机织物设计除了需要对技术工艺了解和掌握，还需要深入思考设计作品背后所承载的文化内涵。设计师需要关注纺织品作为文化符号的传承和创新，以及其在社会发展和日常生活中的地位和作用。因此，纺织品设计是一门需要强烈的兴趣爱好作为助推力的学科，并且它也是人们日常生活中重要的组成元素（例如穿衣、装扮居室环境等）。希望纺织品设计师们在进行创意设计工作时，能够意识到并考虑到这一点：当我们对于某件事物拥有足够的热爱时，我们才会有意愿让它成为生活里的一部分。

第二节　机织物设计创意

一、创意灵感的来源

在设计工作中，常常需要从空无一物的状态中产生创意。这对于普通人来说可能会觉得是个棘手的问题，但对于从事设计创意工作的人来说，这恰恰是新灵感萌发的理想起点：以自由的氛围、开放的思维方式、不受任何结果压力限制的状态推动探索的发展。

就像是学龄前儿童一样，因为他们不会过度思考，所以在玩耍的时候，事物和人的角色可以自由切换变化。而创意的产生在某种程度上和玩耍具有相似的地方。苏联心理学家利维·维果斯基（Lev Vygotsky）认为，玩耍是在想象情境中实施的行动。笔者认为创意产生也遵循同样的原理，创造力是面对人想象中的情境而产生的，这个情境（或者说幻觉）是创作者自发产生或是来自某个特定的需求。创造是为了想象中的情境而作出的行为，并且会按不同视角以目标导向的方式进一步处理这种情境。

创意的产生需要对各种"联系"和"经验"保持敏感和开放的态度，还要用各种启发性的元素滋养大脑，并让人的思维不停地接受适当的刺激。当人在创造性活动状态下，思维就能够在合适的时间利用这些元素，将事物组织成新的、更优的解决方案。一个新的创意想法可能是大幅度的改变，也可能是通过重新组织各细小部分来推进发展。这里借用芬兰纺织品设计师、教育者劳拉·伊索涅米（Laura Isoniemi）的"创意列车"概念来进一步解释创意的产生过程及所包含的因素（图2-1）。

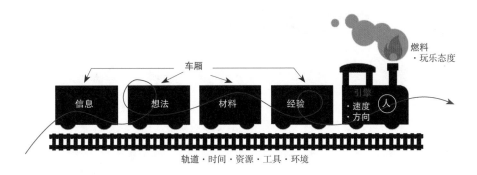

图 2-1　"创意列车"示意图（黄易，2023 年）

劳拉把创意的进程比作一部列车，其中轨道代表着项目时间、资源、工具、环境等客观性因素。人是列车的引擎，推动引擎的燃料则是玩乐的态度。列车引擎主导着承载物的内容、方向和速度，而轨道则为它们设定了外部边界。列车中的货物由现有信息、想法、可用材料和经验组成。由于"玩"的态度是这部列车的动力燃料，我们可以随意地改变货物的位置、数量和意义，并自由尝试各种不同的组合，以找到最合适且与众不同的结果。

既然把创意进程看成是一辆列车，那整个创意发展变化过程就是一段充满试验和机会的旅程。创意过程是不断变化的，在这一过程中，需要保持灵活的心态，及时改变或调整目标和方向。保持积极态度，以玩乐的心态来助推创意的发展。同时，也不能忽视自己已经拥有的经验和过程中的些许放松时刻，它们是思维发展的中转站，能让我们更好地了解列车前行的方向和过程中的转折。在"旅程"中，还必须克服障碍和负面情绪，并学会有效地利用可用的资源。通过定期停下来检查、观察和调整，可以让"列车"保持良好运行状态，直至呈现出色的最终解决方案。

二、设计以调研作为起点

成功的设计项目关键在于大量的调查研究，基于充分的调研输入作为前期信息积累，通过不同信息之间的交叉、联系促成原创性概念的形成。越多的资料收集会使项目内容更加丰富，也更有可能产生原创性的设计。而没有调研内容的设计只能是对自己已知信息的重复搬运，没有新的输入刺激，因此，也就不会产生所谓的"化学反应"，得到创新输出（图2-2）。

一个项目可从最初的一手观察开始，像草图、描摹绘画等，这些活动是做出好设计的基础。这种绘画式的"观察"并不是为了追求精确地复制造型，而是为了通过这类方式来启发自己，所以不管是否有扎实的绘画功底，都可以被很好地执行，因为每个人都能完全自由地选择

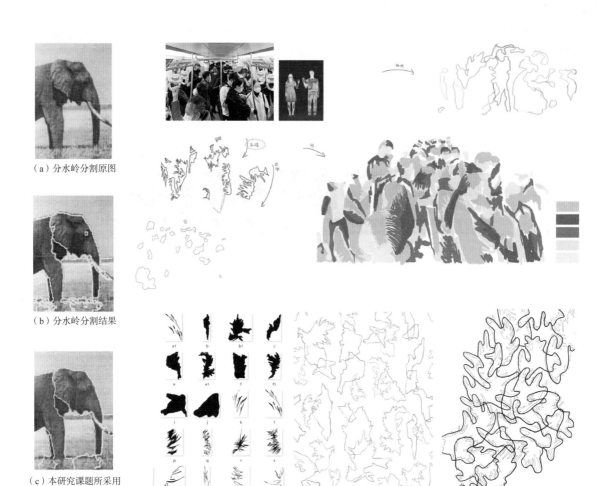

（a）分水岭分割原图

（b）分水岭分割结果

（c）本研究课题所采用
　　算法效果图

　　迷彩设计中区域分割方法：边缘检测，找到边缘，选择边缘点作为种子点进行区域生长，同时提出选取门限功能的算法，从而对图像自动分割。

　　区域生长基本思路：从满足某一点或某一块区域开始，各个方向上进行"生长"。"生长"的依据是同一类型区域的特征，如灰度、颜色及纹理等，满足一定合并条件的邻域可以入该区域，当再也找不到可合并的邻域时，"生长"停止。

　　区域的分裂和合并：首先将图分成若干"初始"区域，再对其进行分裂或合并，逐步改进区域分割的指标，直到将该图像分割为符合某一要求的"基本一致"的区域为止。通常，"一致"性的标准可用特性的均方差来量度。与基于边界的图像分割方法（如边缘检测）相比，区域生长法和分裂合并法对噪声相对不敏感，但是计算复杂度较高。

图2-2　设计调研过程展示［匡增智（上）、张天娇（下），2021年］

用什么样的方式来完成观察。图像式的观察记录会展示出每个人对于纹理、颜色、形态造型的观看方式，不同人即便对同一个对象感兴趣的方面也会不一样，因此，由绘画到设计结果也就会形成彼此间的差异。

（一）灵感：设计起始

灵感是能带来新鲜感或惊喜感的事物，如一段风景、一行文字、某座建筑、电影、绘画等。有些人可能会从一开始就非常明确自己的灵感方向，也有人可能习惯于以自己试织的各种织物样品作为催化新设计的起点，选择直接从材料与结构开始工作，在机织物设计中所有这些都是有效且值得尝试的方式。如果一开始觉得没有灵感，也可以通过思维导图的方式来帮助引导自己：可以选择一个感兴趣或是自己熟悉的事物，用各种描述性的短语来进行叙述，再结合分类汇总的办法形成信息网络（图2-3）。

对于机织物设计初学者来说，一个好的起点通常是从观察开始，而观察研究的对象，可以选择自己生活中熟悉、喜欢的事物，例如容易被看到的装饰性物品，各种摆件、珠宝、陶瓷、干花贝壳等。还可以留意一下功能性物品，例如锅碗瓢盆、化妆品，可能一般人会觉得这些日用品稀松平常甚至有些无趣，但通过艺术的眼光进行观察，它们都有可能成为设计创意的来源。不要将它们视为仅具功能性的物品，而是试着寻找纹理对比、反射、形状、正负空间、层

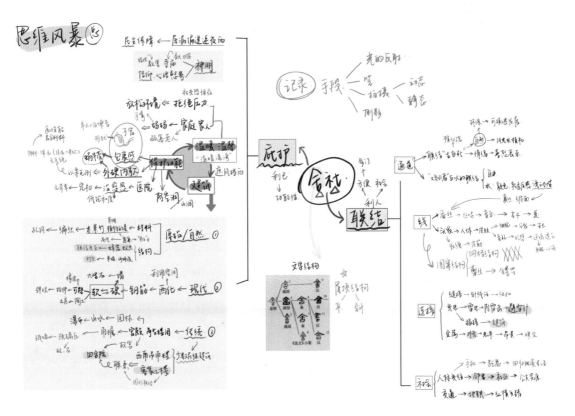

图2-3　思维导图分析（尚颖，2022年）

次。或者转换一下视角，从上方或下方观察，或透过其他物品来看另一个物品。

通过绘制草图的方式，观看者能够充分地理解所研究的对象，也有助于将这些观察转换为质感肌理。通过使用不同媒介和记录手段形成对于调研对象的深入细致理解，将很好地帮助把这些记录刻画通过纱线、图案和组织结构进行下一步的转化。如图2-4所示，作者在以树皮作为设计灵感的调研过程中，通过各种不同的媒介手段对肌理质感进行绘画式的表现研究，为后期的设计转化提供了丰富的素材基础。

图2-4　"树皮"灵感主题的设计调研（杨爽，2021年）

在刚开始描绘某一对象时，可以更加专注于纹理细节，而不用去强调复制整个形体造型，就像是使用放大镜在观察物体一样。专注于抓取描绘事物的局部区域会比绘制整体造型更容易把握，尤其对于并不那么擅长绘画的人来说，这样的绘画方式比较容易上手。而这些被放大了的细节绘画通常也会更容易被转化为面料设计概念：可能某块马赛克装饰的细节就可以转变成华夫格结构；贝壳上凹凸的细节也可能延伸出褶皱或条纹；摩天大楼的玻璃窗户会反射出几何形态，也许可以启发探索方格类图案结构的可能性。图2-5中展示了设计前期作者对水流纹理进行的绘画表达研究，再到织物材质、组织结构的搭配应用转化结果。而关于绘画的方式方法问题将会在后面内容中继续讨论。

在观察的过程中还需要以批判的眼光审视主题对象，提出疑问，这会让我们明确为何选择该调研对象，同时也会知晓这个项目可能将导向什么样的兴趣方向。可以尝试提出类似如下问题来帮助思考：

图 2-5　"Wave" 机织物设计系列（部分）（黄易，2015 年）

·这个主题有什么吸引人之处？

·是其中有什么样的色彩组合让你感觉产生了灵感吗？

·同样的一个颜色是否包含了不同的色调？

·这个对象中的颜色是否有主次之分，这些颜色在设计中能很好地搭配在一起吗？

·是否对它的材质、纹理感兴趣？可以用什么样的媒介来模拟？

需要注意的是，这些初始问题是为了在观察的时候提供一个焦点，以便更容易地开始进行观察和描绘。随着调研的深入，会有更多的问题浮现出来，不管是一个多么微小或者看似不相关的小想法，都请留意疑问的产生，这些问题都有可能帮助推动创意的产生。

（二）概念聚焦

在收集信息、素材的过程中，可以创建一个概念或主题来提供相对明确的焦点，使调研过程不易发生偏离。例如，在当代建筑设计中创新性的表皮构成设计中，其构成形式中的线条、质感、图形、结构元素常常能够很好地启发织物设计灵感（图2-6）。或者可以选择容易促成比较性研究的话题，如当代与传统的影响。下面列举了一些在聚焦概念时可以考虑的方面，可根据这些方面进行有趣的解读，从而帮助激发灵感，提供调研切入的思路角度。

·哑光与光亮　　　　　·光滑与肌理

·点和条纹　　　　　　·亮光与黑暗

·植物与动物　　　　　·透明与阻隔

·环保　　　　　　　　·图案与单色

·怀旧风格　　　　　　·昆虫与鸟类

·复古　　　　　　　　·异域风格

·花卉与几何　　　　　·冷与热

在学习过程中，需要不断地突破个人已有的认知，面对未知领域最重要的是从 "做" 开

图 2-6　当代建筑表皮设计（黄易，2010 年）

始，并要发挥创新精神和试验精神，以开放的态度面对不同话题与事物，才能不断感受到灵感的启发，并逐渐形成独具一格的设计创作。

三、调研思路

（一）一手调研资源

一手调研基本上以个人主动性的信息收集和研究为主。它们必须是个性化的解读——通过艺术或设计的视角对对象或主题进行草图诠释，形成最初的设计想法或概念。这部分内容的调研对于定义整个设计项目的起点至关重要，影响着工作的推进、发展和最终成果。这其中绘画是整个过程中最主要的理解手段，将在这部分内容中进行详细讨论。

1. 调研材料与工具

由于这部分调研主要以绘画性的视觉调研为主，因此绘画材料是主要工具手段。调研所需的绘画材料并非得要昂贵的艺术画材，与其一下子花较大成本购买各种工具材料，不如看看手头现有可以使用的工具，先让自己开始进入工作的状态。但在纸上着手记录任何东西前，请花时间研究对象，选择最适合的表现媒介，表达你最想要捕捉的情景。

不同工具能产生不同质地的笔触痕迹，例如纤细、粗犷、柔和、锐利、斑驳、精致、坚硬等，可以尝试以不同的工具媒介对灵感对象展开绘画性视觉调研，从不同的造型语言角度来理解对象（图2-7）。这在绘画过程中很有必要，需要对工具进行深入的使用才能灵活把握它们的特性。油墨性画笔，如中性笔、墨水笔、书法笔、钢笔等，可以提供各种精细感的线条；铅笔分为不同软硬度，能产生各种程度的阴影和线条；普通蜡笔则可以用来形成粗糙的刮擦质地。

在选择运用媒材时，要注重创造性和试验性，尽可能去探究各种不同的材料与技巧，使自

图 2-7　利用不同工具媒介进行视觉绘画调研（黄易，2015 年）

己不要安于某一种舒适稳妥的方式，否则很容易把绘画工作变得重复乏味。甚至还可以考虑创造工具，如树枝、羽毛、纱线等，都可以获得有趣的质感表达。只要保持试验和玩乐的心态，生活中有很多材料能成为笔墨工具，不同的材料组合，都能给探索调研带来无限的可能性。当对自己的习作、材料和风格有了一定的感觉后，就可以去艺术用品店挑选更多材料了。下面列举了在这个阶段可以考虑尝试的绘画媒材：

· 素描铅笔。可以从硬到软：HB、B 到 6B。

· 蜡笔或油画棒。可以用于直接绘画或通过熔化来形成特殊效果。

· 色粉笔。

· 木炭笔。木炭棒更可取，可以产生富有表现力的黑白线条与阴影。

· 墨水。单色或彩色墨水都可以尝试。

· 彩色铅笔（彩铅）。分为普通彩铅和水溶彩铅，水溶彩铅可以一定程度替代水彩颜料，可提供有趣而丰富的笔触效果。

· 水粉颜料。色彩厚重，富有遮罩性，对于初学者来说比较容易上手。

· 不同的毛笔。传统书画毛笔笔毛较细腻，尺寸选择丰富，用途广，几乎各种场合都可以使用；水彩毛笔相对较细小，适合细腻的表达方式；水粉、油画用毛笔一般偏扁平，适合稍大面积的涂刷绘画。

· 绘画用橡皮泥。很多情况下比普通橡皮好用，更易塑形，不会磨损纸张。当与木炭和粉笔一起使用时，可以形成出色的光影效果。

· 不同粗细的针管笔、钢笔、圆珠笔。

· 各种 DIY 工具，如海绵、滚筒、棍子、羽毛和其他可用于制作有趣笔触效果的物品。

· 胶带。可以用来形成直线或均匀的线条，也可用于构建条纹和色彩层次。

·不同的纸张。素描纸、水彩纸、宣纸、硫酸纸、彩色卡纸等。

2. 绘画

设计调研中的绘画过程其实是一种"观看"行为。刚开始绘画时，可以从不同表面质地的物体入手，因为纹理质地对纺织品设计来说始终是极为重要的关注方面。岩石、树木、羽毛、金属等在表面纹理上都各有特点，很适合初学者来尝试；也可以考虑从各种人造材料入手，如生锈的金属、塑料、玻璃等。这些材料身上都拥有着非常有意思的可能性。为了让自己更加容易把握绘画的时间和节奏，尽量选择不同的"静物"来进行刻画描绘，并注意在过程中寻找光泽、反射、软硬、粗细、颗粒和肌理等信息，这些都会给后期设计中纱线类型的选择提供参考依据。再次强调，绘画"观看"并没有必要把一个完整的物件描摹复刻得多么逼真再现，而是把注意力放到个人感兴趣的局部焦点，并且不断尝试用不同视角来观察。很多时候，一块局部的细节很可能就已经很适合转换成某个机织物结构，并成为整个调研和设计发展的基础。每进行一段时间的绘画，需要及时对内容做回顾思考，翻阅自己所描绘的各种细节，并且留意自己是选择了什么样的媒介，为什么会这样选择。因为这些调研工作的目的是为机织物结构的转化和发展作前期准备，所以不要用拘谨、作品化的态度来对待这些涂画内容，而是努力让自己充分放开手脚，"试验"才是这部分工作的真正关键。图2-8中所展示的是针对流水设计主题的绘画调研素材，创作者在探究过程中逐渐对流水这一概念抽离出两个方向的关注点——流水质感与图形，并选择了能反映传统审美的黑白绘画介质来试验不同"线条感"质地。

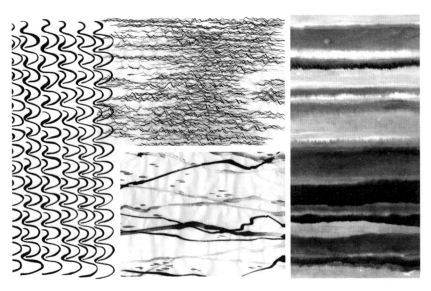

图2-8　主题性绘画调研（黄易，2015年）

3. 手段与技巧

从日常事物中去发现其中的创意可以为设计创新提供源源不断的原创潜力。其实调研过程中被观察的每一样物品都有可能被发展成出色的织物设计。如何去选择并通过绘画风格或主题表现来传达那些灵感碰撞，这是创作者需要思考的问题。例如，媒介的选取过程中，就需要思考是否这类材质能够反映所想要的主题，假如在一个项目中想要表现花朵的细腻感，使用水彩或彩铅来表现可能就要比厚重的油彩类颜料更为适合。在纸张的选择上，轻盈而稍透明的纸张可能会更优于厚重坚实的卡纸。这种在绘画中所探寻的细腻感通过在纸面上的探索就可以进一步转化为纺织品范畴中所对应的纤细丝质材料，最终导向某种机织物结构来呈现具体设计。

另外，在上文"概念聚焦"内容中所提供的思路方向，也有助于在探究表达风格的同时，尝试将调研对象从原有语境中抽离并转化为原创性的设计概念。对于前面所提倡的绘画方式，如果觉得在执行过程中不是很习惯，或者认为自己还是个初学者，对于绘画没有太多感觉，下面列举了更多可以参考尝试的技巧思路，来帮助打开思维，并尽快找到适合自己的形式和节奏。

· 不要让自己只使用一种风格或媒介，因为这样会让你过于习惯（或叫"舒适"），从而阻碍探索新事物的想法。越是多样化的草图试验越容易激发进一步发展探究的愿望。

· 不要试图或执着于绘制整个物体对象，就像前面所说的，在物体中寻找具体区域或细节部分进行绘制。

· 有选择、有取舍地运用线条。尝试使用提示性或暗示性的线条描绘，会产生更有趣的绘画结果。

· 尝试通过形状和线条等造型元素表现运动或者流动。

· 关注小块面色彩、色调变化、色相混合、图案和纹理。

· 用放大镜来观看你的对象。

· 用卡纸做一个取景框，目的是把观看对象进行视觉切割，通过"隔离"的观察方式形成聚焦，为局部式的观察提供新的视角手段，帮助突出有意思的色彩和纹理。例如，当用这种方式去观看一个贝壳，贝壳的外轮廓形状可能因此而被舍弃，框内让人专注看见的则是贝壳表面细致的纹理和颜色。

· 改变取景框卡片的颜色，这将改变对于物体色彩的感知；改变取景框内的形状，如长方形、圆形或三角形，也可以使用倾斜的边缘代替直边；还可以试试用撕纸的方式制作"视窗"，来代替统一干净的切割边缘，让不平整的毛边与物象相结合。总之，可以不断改变取景框的形式，来刷新你对于物象的感知。

· 尝试不同的尺寸比例。用不同大小的纸张画画，对你的调研对象使用不同的比例。可以放大某块表面肌，将它填充到一整张画纸纸面，并以它作为后续设计发展的基础材料来继续进行创作。

· 绘画时可以试着重点关注描绘亮面。通常我们在绘画中习惯于把视线着眼于暗部，调整的方式可以是用炭笔或铅笔先覆盖涂抹于整个纸张，然后用擦除的方式产生造型；另外，还可以选择在黑纸上用白色来进行绘画。

·可以尝试用左手来画画，以更强烈直接的感官方式体会手在画面中的运动变化，通过与媒材的联系可以提高对于线条的选择与表现。

·可以使用一些非常规的画笔工具，例如，用细木棍蘸墨水画画，出错了就用胶带进行遮盖，这样的方式会为你的调研过程增添更多趣味性。

·试着不使用橡皮擦画画，保留"不正确"的线条作为正确线条的参考，这会让你的草图更加有趣且富有"深度"，同时也有助于更好地了解自己的绘画方式和思考意图。

·时间是一个很好的调节元素。一小时时长的描绘可以让你全方位地聚焦你的对象，而三分钟的速写则会让你认真思考如何用最关键的线条来表现事物形象。

·用丰富的色彩进行涂绘，而不只是保守地使用铅笔或黑色笔。在观察的过程中密集地找色、调色、"画颜色"，这对于训练色彩的感知力，以及在以后的设计中灵活运用色彩有非常积极的帮助作用。

·使用不同类型的纸张画画。选择不同的纸张不仅可以反映对于研究物像的理解，还可以关联预想中可能会设计制作的面料质感类型。除了直接购买绘画用纸外，还可以搜索一下生活中的物品，例如烘焙纸、报纸、铝箔、包装纸和纸巾等，都可以用于绘画。

·绘画时除了运用最基本的线条外，还可以尝试使用不同的绘画语言来进行刻画，例如用点、块面、形状或者交叉线条等。这样的方式可以从名家名画中汲取养分，并尝试学习使用他们的风格技巧来作画。

总之，用绘画的方式进行调研，其目的是让自己能够发现并看到日常生活中所藏有的设计潜力。葆有一颗好奇心，注意及时收集灵感和各种素材，这与草图一样重要，尽可能尝试多样化的手段对主题方向进行探究试验，在过程中逐步形成创新性的视觉创意想法（图2-9）。正是这些前期的观察与收集积累，最终会影响创意产出，在最后的设计成果质量上得以体现。

4. 设计记录本

设计记录本（sketch book）是设计师在创作过程中内心的窗口，设计项目中所有的调研活动都应记录在这个本子中。设计记录本是充满灵感、生机和创造力的，它能充分反映创作者的思维和设计发展中的各种想法。对于设计师来说，设计记录本也是一个检索工具，提供了从初步的灵感、草图绘画、媒介探索到织物设计与结构创意的所有内容。

设计记录本的制作并没有固定规则，在设计记录本的构成上，可以尽可能地发挥每个人的创意。这并不需要像传统的笔记本一样按部就班地一页一页进行书写描绘，而是可以撕开纸张，将下一页的作品显露出来；或是折叠纸张，与另一部分的内容形成层叠关系；也可以增加额外的页面部分，在绘画旁边做笔记、涂鸦或注释，从而反映对于绘画内容更深入一步的想

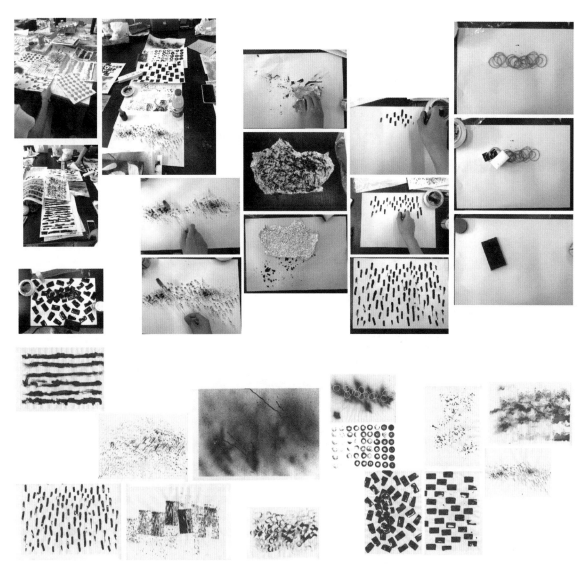

图 2-9　开放式的主题探究试验过程（朱丹彤，2019 年）

法。千万不用担心做得不好或者做错，在试验不同方法、思路过程中，很可能出现不成功或者不尽如人意的部分，但这并没有什么错。在设计中，保持灵活性很重要，当面对失败时重要的是学会总结和借鉴，并继续尽可能地在设计记录本中尝试各种各样的可能性。

在尺寸的选择上，通常建议不要使用太小的尺寸，因为较大尺寸的纸张幅面能够提供自由表达想法所需的空间，使思维发散，不受到尺寸限制。一般而言，A3尺寸是比较常见的选择，如果一开始不习惯大尺寸，那么建议在第一个项目中可以先使用A4尺寸（这也是最小建议尺寸）。对于初学者来说，面对大尺寸刚开始会让人无所适从，往往会发现自己把填满每个页面空间变成了工作的重点，从而忽略了内容质量，失去对于视觉表现力的探索把握。不过一旦适应不同纸面尺寸以后，在大幅面上展开自己的概念创意绝对是大多数人的选择倾向。

很多时候外出行走移动时可能是灵感萌发的好时机，所以随身携带一个A5尺寸的笔记本或素描本，是记录创意灵感的好习惯。学会"倾听"头脑中的想法，能够让自己接纳各式各样的新鲜想法，可以用文字书写或是对产生的想法进行勾勒描绘，具体方式同样没有特别的规则，完全取决于个人。不管是列举关键词、思维导图，还是草图、便利贴，任何纸片上进行的草稿等皆可，总之，目的是让自己能够即时清晰地"看到"大脑中各种一闪而过的想法，从而判断是否有发展的价值还是只是搁置一旁，这种习惯的养成将会为设计师积累出一座极为丰富多彩的灵感素材宝库（图2-10）。

图2-10　设计记录本（彭林林、王何晴、余晓静、孙柏仪，2022年）

5. 摄影

创作者自己拍摄的图片属于一手资料（非个人拍摄图片则属于二手素材）。用相机拍摄是视觉信息积累重要的手段之一，随着技术进步的发展，现如今的硬件设备可以保证不管是在平日生活还是外出旅行，只要拥有敏锐的感知力，就可以实时记录富有灵感的画面瞬间。相机能够透过拍摄者的视角准确地捕捉并表现视觉，这是绘画所不能做到的。比如花朵上的雨滴、窗户上的反射、快速移动的物体、洒落在空间中的光影等，有的时候绘画未必适合表现，相机反而可能是一个不错的选择。如图2-11所示图片均为作者生活中的日常拍摄记录，其中不同色彩、肌理、图形的构成方式能让人联想到机织物材质结构的不同组织可能性，这很有可能成为某个设计项目中的一手参考素材。但是需要注意，拍摄并不能取代绘画，它只是另一种寻找灵感和进行调研的方式。不论绘画水平如何，草图绘画的方式依然是相机无可比拟的。

图 2-11　日常摄影记录（黄易，2018～2020 年）

另外，在数字化技术普及的当下，图像也可以当作设计过程的一部分来进行。例如，通过 Photoshop 图像处理工具可以轻而易举地将物体从背景中剥离、扭曲、重复、改变比例或颜色。充分发挥技术优势，探索各种选项，从而得到无限的创意可能。

6. 参观展览

亲身经历面对原创作品，而不仅仅是看到图像本身，这类活动同样可以属于一手调研。

参观画廊和博物馆是了解某些特定主题或提供灵感素材尤为重要的活动。作为一种经验的积累，参观地点不仅局限于画廊或博物馆，各种景观、文化遗产地等都是值得发掘的地方。另外，像专业艺术设计院校的作品展览（图 2-12）、行业专业展会等则是了解行业最新动态的有

图 2-12　北京服装学院艺术与科技专业（纺织品设计方向）毕业设计作品展现场（黄易，2023 年）

效途径。这些信息能帮助获取当下潮流，往往还会开拓时尚纺织领域以外的信息经验，形成跨学科领域信息交叉，这些都有助于激发创新设计理念的产生。

（二）二手调研来源

二手信息是指本已经存在的素材内容，他们以书籍、杂志、他人拍摄的图片、网络资讯等形式存在。

1. 出版物

首先纺织类专题书籍是重要的专业信息来源，专业类书籍拥有足够有针对性的精准信息量，并可以提供设计启发；其次是广义层面的各种艺术、设计类书籍，尤其是国内外知名的艺术出版机构，优秀的艺术类书籍可以充分激发灵感创意，拓宽设计师审美视野；最后是权威期刊机构，专业艺术设计类期刊、纺织类刊物都涵盖了纺织品行业的最新趋势、设计发布和企业发展动态，作为未来可能的专业从业人员，这都是非常好的学习信息获取渠道。

2. 互联网

相信如果仅仅依靠互联网就能完成所有调研发展工作，大多数人将会满心期待这种方式的存在。因为互联网上有足够丰富的知识资源，且易于访问，可以足不出户动动手指就能获取。就设计调研而言，互联网确实有其存在价值与用武之地，但归根结底没有办法与实地探查、亲眼所见相媲美。亲自在场与某个事物面对面，和隔着屏幕观看是完全不一样的体验。同时，互联网上还充斥着低质量不可靠的信息，虽然在当下我们不可避免地会与互联网工具打交道，但在使用过程中还需要带着批判性的眼光来看待各种不同来源的内容资料。

第三节　机织物色彩设计

一、色彩基础知识

我们知道色彩是设计中强大的赋能工具，对于色彩的灵活应用能够有效影响人们的生理与心理，这点早已被众多相关的研究所证明。通过巧妙运用颜色，可以表达情绪，创造独特的风格和氛围。有些色彩搭配能给人带来温暖、宁静、平和的感受，而有些可能引起冷淡、愤怒或不适的消极情感。正是因为色彩很容易吸引人或影响人的感知，在设计行业中，对于色彩的选择与应用，企业往往会投入相当大的精力与资源，品牌商们都希望通过成功的色彩设计策略赢得消费者的喜爱与认同，从而更好地获取商业利益。

对于时尚和纺织设计领域而言，色彩更是至关重要，那些时装周上绚丽夺目的迷人面料不可能让人忽视色彩在其中的功劳作用。设计师们或是勇敢直接或是细腻微妙地通过色彩来表达自己对于审美的理解。而纺织设计师常常还需要根据每个季节的风尚趋势、市场行情评估使用特定的色板，而这些趋势一般由专业的色彩预测机构与从业者来完成。在纺织品设计中，不同工艺品种面料又影响并决定着色彩的应用方式。例如，印花类纺织品使用染料的混合来创造特定色彩，并通过印染方式附着在已有面料上。而在机织物中进行色彩、花型的变化创造，与印花织物有很大的不同。机织物成形过程中，色彩并不能像染料调色那样可以相对自由地混合，机织物是由不同质感、色彩的纱线以特定的结构与密度排列组合形成的，这种结构性的肌理组织与纱线本身的色彩共同改变了光线在织物表面的反射方式，从而形成人们对于织物颜色的感知。例如，很多即使看似是"纯色"的机织物面料（图2-13），也会因为纱线排列、质地、组织结构等因素的变化而形成丰富的色彩感受。

图 2-13　不同的"纯色"机织物面料（黄易，2023 年）

关于色彩的理论部分，这是一个庞大的研究主题与领域，它涉及许多设计应用的概念和规则。由于篇幅及本书所针对的机织物设计领域，这里不详细探讨所有理论细节，而是结合机织物特点，选择性地介绍更有价值的色彩概念和应用技巧。但关于色彩应用这方面，即便熟知色彩学的所有理论内容与工具，在涉及纺织品设计应用时，也建议根据自身兴趣、喜好及应用目标灵活地研究、学习和尝试适合自己的内容。而其中观察、实践、记录是最为重要的工作，对于色彩的真正理解与有意识地把握控制，更需要日常实践探究中扎实的经验累积，才能在创作过程中自如、和谐地应用色彩组合，充分展现出创意概念的设计潜能。

（一）色轮

色轮（或称色环）是帮助人们以视觉的方式理解与表示色彩及其相互关系的工具，它最早由艾萨克·牛顿爵士（Sir Isaac Newton）在1666年提出并使用。它被艺术家、科学家、心理学家和哲学家研究了几个世纪，来了解颜色对人们身心所产生的微妙且多样的影响。在当今不同的设计应用领域中，可能会遇到不同的色轮表示系统，对于从事纺织品设计相关的应用领域，绝大多数使用的是最为常见的减色色轮❶（图2-14），它由原色、间色和复色组成。减色色轮为颜料色的混合，通常为画家、艺术家和设计师所使用。色轮对于设计师与艺术家来说是极为重要的参考工具，在设计和应用色彩时，色轮能够起到很有效的参考辅助作用。

（1）原色（primary colors）。是指自然界存在，并且无法通过混合其他色彩方式获得的颜色，它们分别是红、黄和蓝（图2-15）。

（2）间色（secondary colors）。是由两种原色混合而成的色彩。例如，将红色和黄色混合在一起会产生橙色，将蓝色和黄色混合在一起会产生绿色，将蓝色和红色混合在一起会产生紫色（图2-16）。

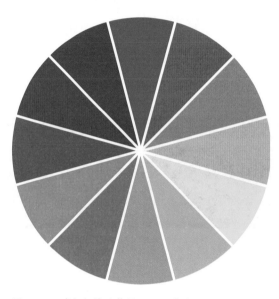

图2-14　减色色轮（黄易，2023年）

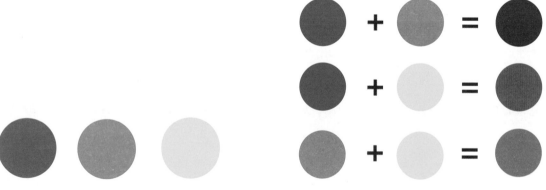

图2-15　三原色（黄易，2023年）　　　　图2-16　间色（黄易，2023年）

❶ 色光（light color）或称直接色（direct color）互相混合时，人眼所看到的混合颜色会随着颜色的增加而越来越亮，最终形成白光，这叫作加色混合（additive mixture）。而对于颜料、油墨、染料类的色彩，人眼所感知到的是反射光，当这类色彩混合时，越多的颜色会让混合色越趋于深灰色，向黑色一端靠拢，这就是减色混合（subtractive mixture）。

（3）复色（tertiary colors）。通过将一种原色和色轮上相邻的间色进行混合可以获得复色。例如，将红色和橙色混合会产生红橙色，将绿色和蓝色混合在一起会产生绿蓝色。在色轮中，色彩可以通过这样的逻辑进行无限混合，从而得到无穷无尽、细微差别的色彩空间（图2-17）。

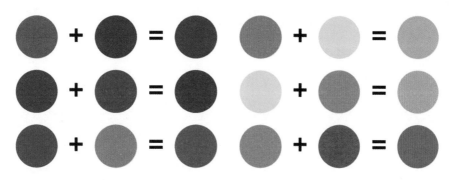

图2-17　复色（黄易，2023年）

（二）色彩的感知

（1）色彩冷暖。如图2-18所示，色轮上颜色可以分为冷色和暖色两类色调，温暖的色彩通常倾向带有红色调，包括红色、橙色、黄色，以及它们之间的所有颜色。暖色调通常能让人联想到热量与阳光，充满着能量感，带有振奋、活力的感受。在时尚应用领域中，暖色织物往往会为人的肤色增添色彩，很好地衬托穿着者的形象。而在室内装饰中，它们可以帮助房间营造温馨、温暖和家庭化的氛围。

冷色调包括绿色、蓝色、紫色，以及它们之间的所有颜色。与暖色相比，这些颜色会产生向后退的感受。某种程度上冷色能给人以宽阔感，这些颜色会让人们想起水、天空、冰、雪等

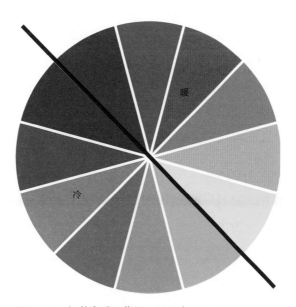

图2-18　色彩冷暖（黄易，2023年）

意象。通常冷色系被认为相对较为安静且不会那么醒目，传递出一种舒缓、放松的情绪。

　　颜色的冷暖也具有很强的相对性，每个单独的颜色其实都可以有暖和冷的一面。例如，红色系整体上说属于暖色，但它其中也会有更偏蓝色的冷红色，或者是更靠近黄色的暖红色。例如，偏黄的绿色和偏绿的黄色放在一起，两者的差别可能会很微妙，都属于暖绿色一类，但一个较接近暖色，因为其中含有更多的黄色，另一个颜色因为含有更多的绿色而显得偏冷。当设计师们经历过不断观看和体会颜色的专业训练之后，就能敏锐辨别色彩冷暖的微妙差异。

　　（2）色彩振动。我们把颜色在色轮上180°相对称作互为补色，如红与绿、橙与蓝。当互补色相邻并置出现时，会感觉到颜色愈发清晰、强烈与锐利，尤其是在色彩与色彩相遇的边缘。如图2-19所示，紫色显得更浓重，黄色则更明亮，甚至能感到其边缘线似乎是在抖动或闪烁，这种互补色同时碰撞对比形成的视觉效果被称为色彩振动。这种视觉对比现象长久以来吸引并影响了许多艺术家与设计师把它作为色彩创意的灵感与主题进行探讨应用。

图2-19　补色色彩振动（黄易，2023年）

　　例如，从图2-20中可以看到，红色在黑色背景下会呈现出更为明亮、鲜艳的外观，而在白色背景下，它会略显沉闷，缺乏生气。再如，当与橙色形成对比时，红色显得模糊不清，缺少力量感，因为红色与橙色在色轮上位置接近，属于弱对比关系，当放置在蓝色背景下时，可以明显地感觉到红色被凸显出来，跃然纸上，甚至会感觉到边缘有明亮的廓形，这是因为红—蓝色组在色轮上相对于红—橙色组来说更接近互补关系，加之还有冷暖色层面的对比关系，因此同样会产生一定程度的振动效果（图2-21）。

　　从这些例子可以看到，当把其中的色彩原理考虑应用到设计中时，需要不断尝试将颜色和图形关系结合起来，因为它们也会对颜色产生影响。在尝试过程中记录并注意颜色在色轮上的位置，以及它们如何相互作用，它们是相互协作还是相互抵消，是否有产生令人兴奋的色彩对比？同时还需要探讨色彩的其他方面，无论是冷暖，还是饱和度变化所产生的动感与振动，匹配形状后它们如何相互作用，都会导致人们对颜色本身的感受发生变化。在总结评估之后，再将这些理论与经验应用到纱线和结构上。正是通过不断探索这些不同的可能性，才能更好地掌握色彩关系，进而增强对颜色感知和特性的理解。这反过来也会增强设计师在机织物设计中对

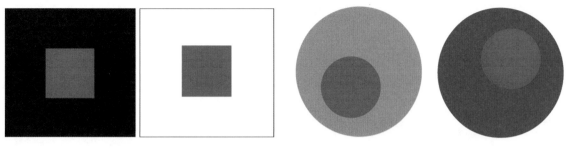

图 2-20　黑白背景下的振动效果对比（黄易，2023 年）　　　　图 2-21　补色背景下的振动效果对比（黄易，2023 年）

图案、结构和颜色的理解。

（三）其他色彩基本术语

色彩学规定了对于色彩有专门的语言描述方式，通过这些词汇可以清晰地描述色彩无尽的变化。这些基本概念描述了色彩的明亮程度、深浅、层次和丰富度。作为专业的纺织品设计师，需要能够清晰地掌握这些基本的描述术语，帮助设计者自如地理解、控制、传达色彩创意想法。

（1）色相。最基本的纯色色轮上每一个不同的色彩，作为最基本的色彩概念，它决定了我们想要使用的各种色彩，如色轮上的橙、红、蓝、绿、紫等。

（2）明度。表示色光的反射量，换言之，就是色彩的亮、暗程度。明度是通过在色彩中添加白色或黑色使色调变浅或变深。

（3）饱和度（或彩度）。饱和度反映色彩的纯度和强度，两个同样明度的颜色，如果一种颜色具有更高的饱和度，它会让人感觉更明亮、更鲜艳。例如，钻蓝色和蓝灰色相对比，明艳的钻蓝色具有更高的饱和度，因此比蓝灰色显得更加鲜亮。当色彩中添加白色、黑色、灰色或者该色彩的补色时，饱和度会随之降低。

（4）亮调、暗调和灰调（图 2-22）。亮调（tints）是通过向一种颜色中添加白色，从而得到更浅的颜色。暗调（shades）是通过向一种颜色中添加黑色，从而得到更暗的颜色。灰调

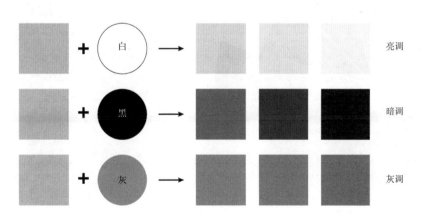

图 2-22　亮调、暗调和灰调（黄易，2023 年）

（tones）是通过向一种颜色中添加灰色，从而得出同一色彩的不同灰度结果，它与饱和度紧密关联。而色彩中，黑色、灰色和白色则属于无彩的中性色。

二、色彩和谐

简单来说，色彩和谐指的是某组或某系列令人观感愉悦的颜色组合。和谐色彩是一种动态性的色彩平衡感，其色彩比例和排列顺序都处于某种完美平衡的状态，从而让人获得美学上的满足感。这点对于所有创意性视觉媒介都极为相关，机织物设计当然也不例外。

在设计新的织物时，设计师自然地会考虑颜色选择的感觉是否"正确"或者"合适"，一般来说这些色彩主要源于设计师前期的调研与整理，并通过设计师在设计上的探索发展而来。而在这过程中其实很多设计师不一定会想到色彩理论或者前面所说的色轮工具。然而，色彩理论中有一系列被广泛认为是符合色彩和谐标准的特定组合方式，可以作为设计师在构建设计项目色彩方案时很有效的辅助参考工具，这些特定的组合通常由色轮上特定位置的两种或多种颜色组成。这些基本的配色准则可以很好地帮助设计师创建富有美感的色彩方案。当然，如何在设计和制作中选择它们的比例和平衡调和，则需要根据不同情况灵活调整、适配。

（一）单色系与近似色

单色系是指由单一色相的亮调色、暗调色和灰调色所构成的色彩系列，例如图2-23中不同明暗、彩度的黄色色组。而近似色（图2-24）是在色轮上相邻的几种色相组合起来的色系，例如橙黄色、橙色、橙红色。单色系或者近似色往往比较容易营造出冷静、温暖、柔和的氛围情绪。

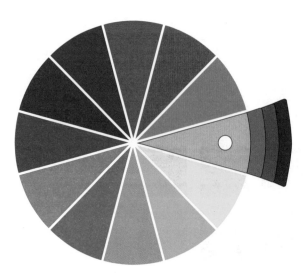

图2-23　单色系（黄易，2023年）

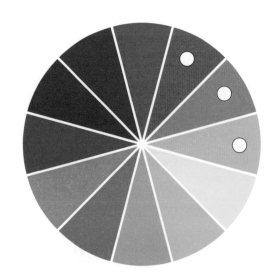

图2-24　近似色（黄易，2023年）

（二）互补色（分散互补和近似互补）

互补色是指在色轮上180°相对的两种颜色。互为补色的两个色相能够产生最为强烈的色彩对比效果，可为整个色盘提供兴奋、美妙的活力感觉。当互补色相邻并置时，它们互相使对方显得更为鲜亮且边缘容易产生色彩振动效果。在色彩搭配创意中，正是因为互补色拥有很好的强调效果，因此它常是被高频提及的调色逻辑（图2-25）。

另外，互补色还有两种变化形式，一种是分散互补，与直接的互补色略有不同，它是所选定颜色互补色的相邻两个色相进行色彩搭配，

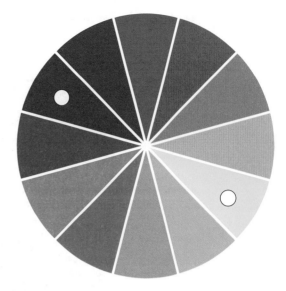

图 2-25　互补色（黄易，2023 年）

如图2-26中的红色、黄绿与蓝绿色。另一种是近似互补，顾名思义，它是近似色系与它们中心色的互补色进行搭配使用，例如红紫色、红色、橙红色和绿色（图2-27）。这两种变化方式虽然同样使用了对比强烈的色彩互补概念，但由于补色临近颜色的加入，使色彩对比用相对更柔和的方式得以表达。这对于初学者来说，是一个很好的用色思路参考，因为这类色系相对更容易控制和搭配，而且允许创意者尝试练习不同比例、对比度、主次、强调关系的色彩调和。

（三）三色系

三色系搭配是在色轮上以三角形的形态等距进行颜色的选择。同样，色彩可以按照不同的程度或比例搭配组合。例如，可选择某种颜色作为主导色，搭配辅助色和强调色，或者也可以

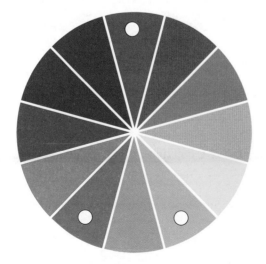

图 2-26　分散互补（黄易，2023 年）

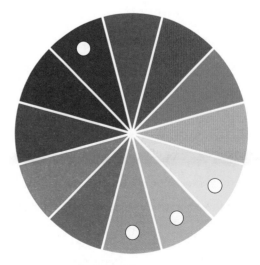

图 2-27　近似互补（黄易，2023 年）

选择一种颜色作为主导色，使用另外两种颜色作为对比强调色（图2-28）。

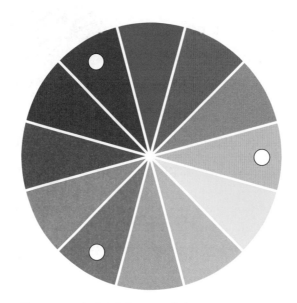

图2-28　三色系（黄易，2023年）

（四）四色系

四色系配色是在色轮内以正方形或矩形形态在其四角位置进行色彩挑选搭配。其中以正方形为参照所得出的颜色在色轮上间距更均匀，并且色彩组合也富有对比性；与之相比，以非等距的矩形四角选出的颜色，四色中两两颜色相对较为接近，整体各色的对比度就会相对减弱。在四色系设计中，应当注意在色彩搭配中冷、暖色之间的均衡配比，以实现最佳效果（图2-29）。

总之，本部分中提到的色彩理论是作为色彩搭配的指导参考，其中描述了色彩与色彩之间某些相互作用、互为存在的原理。但色彩运用绝没有程式化的公式法则，色彩很大部分的

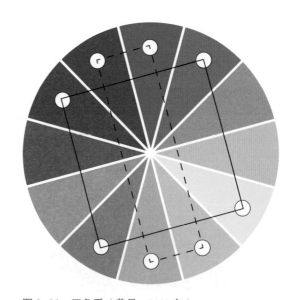

图2-29　四色系（黄易，2023年）

乐趣也正是源于这种非标准式的实践活动，很多时候不经意间的试验效果往往会给人以出乎意料的结果。另外，色彩的呈现效果很大程度上又与所使用的媒介紧密相关，每个艺术家、设计师对于色彩的感知和表达都有很大的差异。即便只是在设计领域中，当面对不同的设计应用方向，情况也会有所不同。在机织物设计中，色彩的呈现还嫁接了材质、结构上的混合与对比，从这点上看，机织物设计中的色彩可能性是无穷无尽的。

三、机织物中的色彩

机织物中的色彩，是由互相交织的纱线颜色所决定的，并且纱线的交织是在三维层面展开，这导致了织物表面并非平整均匀，而是结构性的，这种表面纹理会影响光的接收和反射方式，并导致人眼对色彩感知的变化。机织物色彩的呈现可以是混合色，或是不同纱线色调的组合，抑或是由不同颜色构成的清晰图案。纱线色彩以何种方式、比例在织物表面进行混合，很大程度上取决于所使用的纱线、织密和织法。并且机织物的正反面颜色可以各不相同，不同纱线类型和织法的交叠变化使最终的成品面料呈现出不同的光泽、色调和饱和度。能合理运用色纱的排列、比例，并结合组织变化，就可以得到色彩效果丰富的机织物（图2-30）。

图2-30　"毛虫珍宝"系列机织物设计（部分）（王鑫瑞，2022年）

因此，在机织物中几乎不会有单一的纯色出现，即便是单色纱线织成的织物，远看是一块纯粹的单色，但离近看可能会看到近似像素点一样的纱线交织状态。类似情况，例如，从远处观察一块由红色经线和蓝色纬线所织成的紫色织物，远看是一块紫色纯色，但近距离观察，会看到织物表面蓝色和红色并置的点。利用机织物这种特性在经纬纱中使用两种或多种颜色进行织造，来创造出第三种甚至第四种色彩的方式，在设计应用中常常会产生出非常有意思的结果。图2-31、图2-32展示了作者某个设计项目中所进行的部分色彩探究调研过程记录。从大量的草图练习来理解色彩组合方式，通过小样试织把草图中复杂的色彩混合效果转化为纱线、组织，据此确定最终想要的配色方案，并且过程中所有的配色及调整信息都在设计记录本上进行准确记录，确保自己对设计过程能有清晰可循的信息存档。

图 2-31　从草图到小样试织来确定色彩搭配（黄易，2015 年）

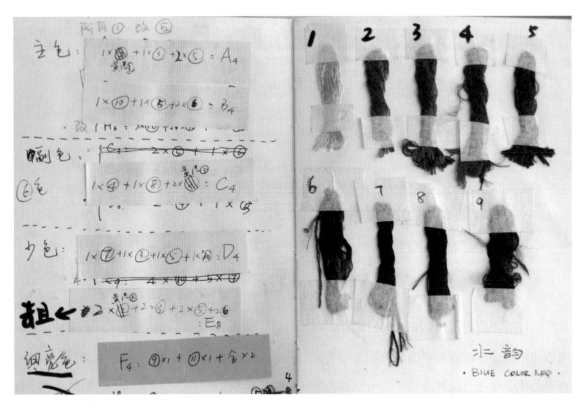

图 2-32　色彩搭配记录（黄易，2015 年）

　　材质对于改变光线在织物表面的接收和反射起着关键作用，从而改变织物色彩的呈现方式。不同纱线本身在粗细、形态和质感方面各不相同。光滑、有光泽的丝线通常比厚重、哑光、多节的棉或羊毛更能反射光线，后者甚至还会吸收一定的光线和颜色。光滑纱线的使用容易得到更有光感的织物，光感会对色彩起到提亮的作用；而有质感、肌理丰富的纱线会形成阴影从而吸收部分光线，使织物看起来更暗沉。因此，即使是同样色彩，在不同材质上的呈现是也截然不同的，这需要结合主题氛围、实际纱线样品、草图、试样反复比对考量所用颜色（图2-33）。

图2-33　综合主题、材质、草图及试样来选择色彩（黄易，2015年）

机织物结构同样也会与不同的色彩互相作用。像黑色、深蓝色这类暗色，由于易吸光而不会清晰显示结构纹理，反之，浅色面料因为容易反射光线则会让织物结构明显可见。

机织物经纬线的织密会影响光线在面料上的反射与穿透情况。较为轻薄的织物往往会使得光线更容易穿透纱线之间的孔隙，而非全部反射，再加上与背景环境产生叠加，使颜色看起来比自身实际颜色更暗。就如图2-34中所示的透孔织物所形成的轻薄感面料，在逆光状态下其稀疏的孔洞会与周边环境色形成对比、叠加的效果。另外，高织密的面料，因为经纬线排列紧实，虽然没有孔隙可供光线进入，但织物中相邻纱线间也会互相左右、上下投下阴影，一定程度上也会改变织物的颜色呈现、质地和结构效果。

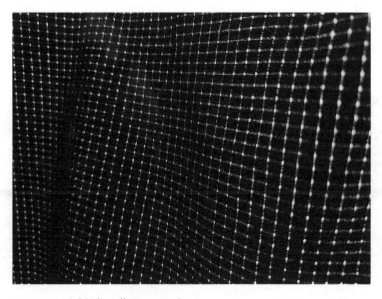

图2-34　透孔织物（黄易，2023年）

在机织物设计中，平纹类与斜纹类的织物组织都比较适合探索色彩与结构上的相互作用关系。例如，蜂巢组织（或称华夫格）就是其中的典型，颜色、光影、织物密度这些因素的互相影响能为这类织物的变化提供多可能性。蜂巢织物（图2-35）最大的特征是织物表面会形成一个个向中心点收缩的方形，并呈现出立体感，因此设计者可以考虑尝试对比较为鲜明的纱线色彩，通过结合立体凹凸所形成的光影

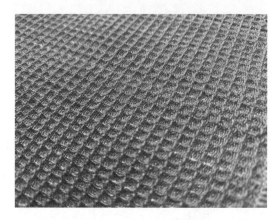

图2-35　蜂巢组织（华夫格）（金秋怡，2022年）

效果来增强织物结构的视觉深度。例如，可在方形中心考虑使用深色调，外围使用较浅色调，或者反过来，主要部分使用深色调，而在凹凸形中心搭配浅色纱线，这可以使织物表面组织起伏形成的光影效果结合色彩对比产生有趣的视觉强化作用。

　　从上面的例子可以看到，结合所有这些因素，色彩在机织物中的感知、表达其实是极为复杂的，而了解结构和色彩如何在机织物中相互作用，这是设计制作一块美观面料的关键。要实现对于这些因素的充分把握，个人精力的投入、实践和对于错误的记录与反思，都是学习机织物设计过程中必不可少的部分。特别是对于初学者来说，更需要时间和探索的积累。因此，初学者接触机织物设计，在色彩部分更建议以循序渐进的方式来推进，在前期可以着重基本织物组织结构认知，以有限的纱线色彩调板（黑、白、灰、中性色调）来作为搭配，目的是让学习者专注于理解不同纱线材料和织物结构之间的相互作用，以及它们的表现和特性。经过一定的实践训练后，再把更广泛的色彩组合搭配作为进一步的设计元素加入机织物设计中，从而逐步建立更为丰富的机织物设计表达方式。图2-36所示案例就是以黑、白、灰和中性色系作为色彩选择范围来进行的机织物设计系列。通过强调组织结构和材质的搭配运用对比，同样也可以呈现出节奏丰富的视觉效果。

图2-36　无彩度或中性色系的机织物设计系列（黄易，2014年）

四、机织物色彩创意训练

（一）网格拼贴画训练

方法很简单，在一张普通纸张上画上同样大小的12～16个正方形。根据设计主题的情绪图片寻找合适的色彩与质地，对这些方块进行拼贴填充。剪贴的材料可以是自己调色涂刷的色片、旧杂志画报、各类印刷品、面料或纱线等，这个过程中可以适当考虑构图形式，可以是几何形、条格、色块拼接等，另外，可以适当增加手绘强化视觉效果。过程中很重要的一点是，不要把注意力只集中在某一方块内，同时对十几个方块进行组合搭配，所以是把整个网格作为一整个系列来看待，每个方块之间都是有联系的。

这个练习作为主题灵感发展时期的探索是非常合适的，可以对所拟定的设计主题方向进行自由且深入的体会与解读，并用纯粹视觉的方式进行演绎呈现，可以让自己在短时间内对主题方向、色彩感觉有一个较为直观、清晰的理解与把握，也可以激发出很多预想不到的设计创意启发。图2-37所示即为网格拼贴练习学生案例。第一张图是对设计主题所进行的单纯的色彩、造型方面的视觉演绎，通过主动找色调色、选择拼贴过程，深入把握主题的整体色彩感受。然后基于网格拼贴练习中的色块、造型感受，单独对其进行进一步的色彩、比例归纳整理，形成不同的色彩组合，最终形成色彩搭配方案。

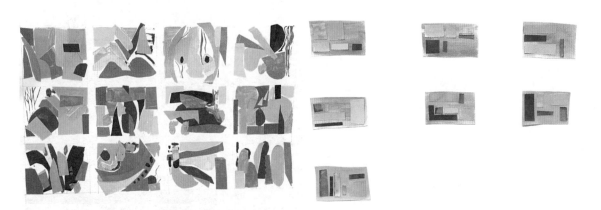

图2-37　网格拼贴练习（左）和色彩搭配方案归纳（右）（郭一睿，2023年）

（二）配色模纹织物训练

配色模纹织物效果是时尚纺织行业中广泛使用的织物类型，它是由经、纬色纱的排列与织物组织互相配合而呈现出织物外观的色彩纹饰效应，典型的配色模纹织物有千鸟格、传统土布中的芦席纹（"芦扉花"，图2-38）等。配色模纹常利用两种或两种以上色彩的经、纬纱线仅搭配基础的织物结构，来构成丰富多彩、风格各异的配色花纹图案。因此，配色模纹织物的针对性练习可以很好地训练、探究色彩在经纬交织状态下能够呈现的无限可能性。例如，当选择深色与浅色这类明度对比较强的色调组合时，很容易得到富有戏剧效果的织物表面；而对比相近的色彩使用则会形成微妙含蓄的视觉风格。配色模纹效果最适合选择交织均衡的组织结构，因为只有均等的经、纬纱比例才能够充分展示经、纬色纱中的色彩效果。图2-39所示条格面料中，除了颜色上运用了强烈的对比色彩，在材质选择上也富有特色——经纱中加入了黑色弹力纱（细线），使面料表面形成一层细密褶皱，进一步强化了该面料的视觉效果。

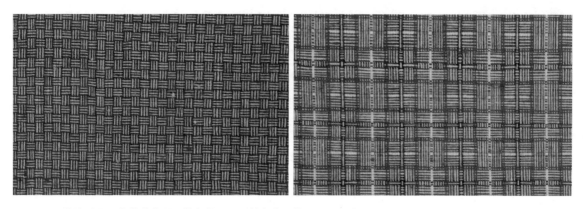

图2-38　传统手工土布芦席纹（"芦扉花"）及其变体（黄易，2022年）

　　正是因为配色模纹织物并非使用复杂织物结构，都是最为简单的结构，如各种基本的平纹、斜纹，就能够很好地实现各种不同的织物效果，所以在织造时也不需要用到很多综片，4~8片综即可满足绝大多数情况。甚至即便是使用2片综，如果运用恰当，也能够得到效果出众的机织面料。因为更少的综片限制了织物组织结构的变化种类，在这种情况下，色彩就会成为面料效果呈现的核心要素。不过，只使用2片综的织物幅宽会受到一定限制。如果单个综框挂满综丝并穿过大量经线，将给织机增加过多的压力，因此要达到较好的织成效果，即便是单纯的平纹织物也建议用4片综来织造，从而为经线之间留出足够的间隙来保证织造的顺利进行。

图2-39　条格弹力面料（黄易，2023年）

（三）色纱绕线搭配训练

这种方法是在设计搭配色彩时常用的一种手段，一般可以用来探索不同颜色互相之间潜在的搭配可能。色纱绕线训练可以搭配草图本、设计灵感和纱线材料一起进行。

当单独选取某些纱线色彩时，所看到的颜色往往会不同于把色彩进行搭配混合后的状态，同样的颜色可以根据其相邻色彩的变化而产生截然不同的效果。在开始纱线缠绕前建议尽量选用坚硬的方形纸板，并在纸板面上贴上双面胶，这样可以减少纱线缠绕时的滑动。而后纱线色彩可以按照某个特定顺序进行排列缠绕，可以是模拟经线颜色效果，也可以是纬线色彩的排列。但请注意，一定要让线与线之间紧密贴合，尽可能模拟实际经纬纱的密度。这种方式可以构成类似条纹、方格和色彩交叠等效果，用来帮助探究以不同色纱、比例、可能的设计想法混合之后产生的各种效果。另外，这也可以帮助设计者感受所用纱线组织起来形成平面以后的质地与触感。

色纱绕线练习是很好的色彩概念可视化搭配工具，虽然它无法很直观地呈现复杂图案的色彩变化，但对于条纹、格纹类的设计，这是非常高效的设计辅助工具，能够快速结合情绪板形成视觉转化。这些彩色线卡的制作也是十分有趣的过程，很容易令人沉浸其中，因此非常鼓励学习者在一定时间内尽可能多地制作出各种不同的色纱缠绕方块，真正去体会色彩与质感的融合和对比（图2-40）。

图2-40　色纱绕线搭配训练（李纤纤，2021年）

第四节　设计的转化与发展

当真正着手开始设计时，许多学生会觉得这才是最为困难的部分。因为创造性活动本身并没有固定或速成的规则模式，导致学习者一旦碰到实质性的设计工作就会担心会不会出错，最终能否成功完成令人满意的作品？其中有两个关键问题：一是当开始进入思考设计可能性阶段时，个人前期是否有足够充分的调研工作作为支撑；二是个人如何把所调研内容转化成最终的设计。

第一个问题中的设计调研其实是贯穿整个设计发展过程始终的工作，持续地收集和研究可以为设计活动不断提供内容"养分"，并且这也是一个很好的素材积累过程，所探索内容有些能在当下项目中被用到，也有部分可能因此而成为一个新的设计探索方向，为下一个项目作铺垫。

对于调研内容的转化，只要设计的主题不是太宽泛或太抽象模糊，转化的过程其实很多时候会自然而然地呈现。也可以通过一定的方式对设计内容进行分解，例如纹理质感、色彩和可能有的图案，这些是优先考虑的内容。例如，图2-41中学生作业"毛虫珍宝"系列机织面料设计，聚焦于自然界色彩艳丽的毛虫纹

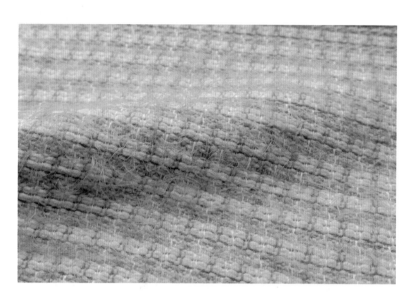

图2-41　"毛虫珍宝"系列机织面料设计（部分）（王鑫瑞，2022年）

理，学生基于前期调研、意象提取、绘画研究等，通过从具体的纱线质感、组织和色彩对这一自然意象进行抽象分解，并逐渐组合形成自己在设计中的表达语言。通常情况下，当项目进入这个阶段时，设计师应该已经在调研过程中对灵感主题有过相当程度的尝试和思考，把思考对象拆分成纹理质感、色彩、图案等会让工作更聚焦、更有针对性，而这个过程中也需要用到一系列的媒介和技术手段，从最开始对于主题的"感觉"，通过不同方式的尝试，来思考如何逐步从纸面探索转移到织物并最终通过织造来实现，这些将在接下来的内容中展开讨论。

一、构思创意想法

在调研发展的过程中，一定会有许多构思想法会产生，同时也可能会被快速抛弃，因此，建议在设计探索中能够带入对于面料预期用途的思考。尽管对于学习者来说，在初学阶段很多情况下并不需要对最终产品进行落地，更多可能是聚焦于机织物设计中某些特定方面的能力提升，但是如果在训练项目中就能带入这样的思维意识，就可以指引设计方向，使设计更具有目的性，这对于设计能力的提升是十分有益的。随着技术能力的提升，进行每一个设计项目时思

考面料的使用去向都是至关重要的，这些思考可以通过笔记、图像、关键词或者思维导图的方式进行记录与传达。

关于色纱、图案等部分的构思，可以通过整理前期所收集的调研内容来进行，前面在"机织物设计色彩"中提到的色纱绕纱卡的探究方式，或是调研方法中提到的各种绘画观察记录，这些都可以为接下来的工作提供一个起点。可以像图 2-42 中所示那样在设计记录本中开始构思记录不同的可能性，逐步提炼其中的形式语言并尝试进行图形转化，结合色彩、材质与结构并通过小样试织的方式验证创意想法。这个过程中重要的是要保持思维的流动性，而非停下来作出最终决定。手头的调研和各种信息搜集工作仍应该继续保持，并且需要不断审视和评估进展情况，保持对于项目主题的新鲜感，防止过多偏离最初的概念想法。

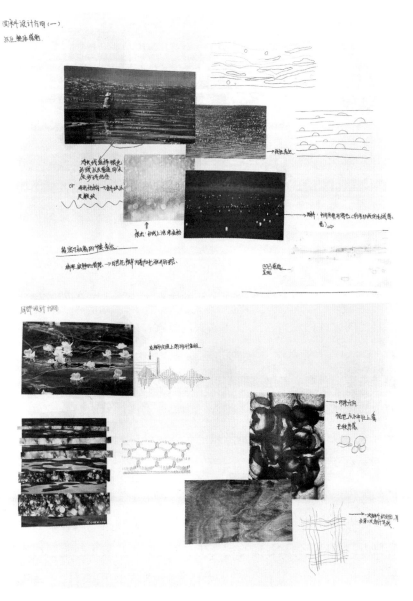

图 2-42

图 2-42　对调研进行整理转化形成创意想法（陈鑫，2019 年）

（一）寻找关联性

当项目进行到这个阶段，有些人可能会因为面对所收集到的大量调研内容而感到束手无策，不知道该从何处着手。这时从中选择哪些要素以及如何解读这些信息，将成为主要问题。在回顾、整理前期调研材料时，应该试着去发现贯穿这些素材内容的共同主题，例如色彩、肌理、图案、线条等，都可能是形成某些特定关联的方面。然后通过视觉呈现的方式来探索并明确自己的设计概念。

1. 色彩

色彩是设计成功的关键，也是协调设计作品的主要方面。通常人们首先注意到或被吸引的就是色彩。回顾自己的设计记录本，从一、二手调研素材中去发现是否有共性色彩或是你认为的关键色存在。

对机织物设计来说，色彩的归纳选取可以通过色纱绕线的方式进行。结合草图与纱线色样来归纳调研内容中的色彩信息，形成色彩板。其中需要考虑的方面包括主色、辅色、强调色的搭配，色彩组合方式是以色块、条纹还是随机混合，这个过程中可以不断尝试不同的色彩搭配比例与节奏，直到找到满意的色彩组合为止（图 2-43）。色彩确定后，进行纸面探索试验时，尽可能按照相同的配色来完成。另外，对于初学者来说，虽然大多数人都会热衷于对色彩的表现运用，但在刚接触机织物设计时，就像前面提到过的，先尽量限制自己的用色自由，建议把颜色控制在三种以内，并尽量尝试各种比例变化与混合方式，聚焦与主题相关的有趣想法与特定情绪感受。经过一段时间的学习后，可以逐步减少色彩的使用限制。一般在机织物设计中，一个系列包括 6 ~ 10 种色彩都是可以接受的。但请注意，并不是要在单块面料设计中将 6 ~ 10

种色彩全部囊括进来，否则容易使面料本身显得过于"拥挤"。合理的方式是通过不同的搭配组合使这么多色彩分散于一整个系列的面料设计中（图2-44）。

图2-43　色彩方案的发展（刘莉莹，2022年）

图2-44　"蔓延"机织物设计系列（刘莉莹，2022年）

2. 肌理

肌理对于纺织品设计，尤其是机织物设计至关重要。仔细观察之前的草图绘画，从中能否发现某些持续出现且容易激发灵感想象的肌理？特别留意不同肌理质感的对比、层次、平滑、褶皱、聚集及肌理形态。运用绘画材料来表达所观察到的肌理，同时考虑这些肌理如何转化为近似质地的纱线或织物媒介。这些质地包括粗糙、光滑、闪亮或透明等，每种质地都可以有相对应的指代类别，例如，轻薄且富有光泽的质地会让人想到晚礼服上高雅细腻且昂贵的真丝薄纱。即便是在纸面探索阶段，纸张的选择也会诠释并反映对于面料设计预期的质地，例如，卡纸纸面可能导向厚棉布、卡其布这类材质感觉，而薄透的宣纸可能示意丝绸雪纺这类面料。如果感觉在纸面的探索已经穷尽，就可以自然转换到布面来进行作业，并且运用相同的原则，这种探索方式将使设计调研、探究的内容得到进一步深化。

图2-45、图2-46展示了两个设计案例。图2-45是以"大闸蟹"为灵感所做的创意机织物设计，设计师从灵感对象提炼了"坚硬"与"毛绒感"的质感对比作为切入点，把设计思路聚焦于平滑坚硬与绒感的肌理感受，并使用简约抽象的条格图形来突出质感的对比。

图2-46是以竹编工艺作为设计灵感的机织物面料设计，此块面料设计很明显强调了竹编材料的表面肌理形态，从色彩到组织结构上都借鉴了竹编材料的视觉感受，同时设计师也清晰记录了试样探究过程中的问题与解决措施，直至最终得到面料设计结果。

图2-45　以"大闸蟹"为灵感的创意机织物设计
（黄易，2014年）

3. 图案

在前期绘画草图的调研阶段，其中所描绘的图案很大程度上已经为机织物结构设计奠定了

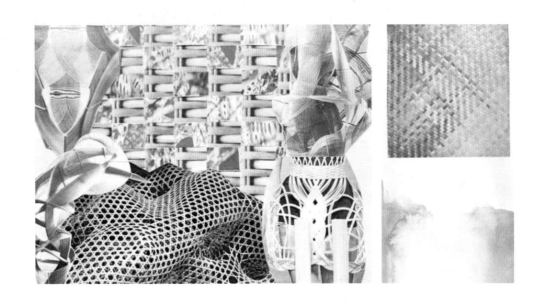

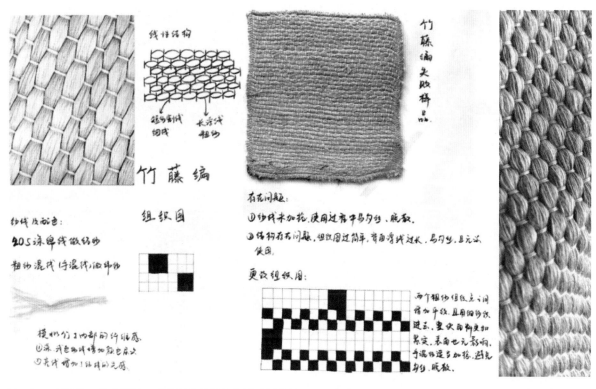

图 2-46　以竹编工艺为设计灵感的创意机织物设计（彭林林，2022 年）

基础。只不过能认识到这一点通常需要花费一些时间，先让自己对机织物结构能有深入的理解。在草图中主动去寻找有意思的线条起伏、线与线的互动、造型轮廓、正负形等。

回顾草图中的线条描绘，思考这些线条是否可以被夸大、重复或旋转。可以试着把某些区域隔离开来观察，或是放大某个局部，或是把图形线条进行镜像；寻找是否有类似锯齿状形态可以通过重复来生成不同的斜纹织物，方形则可以考虑转换为格纹或块状形态织物，尝试多种经纱或褶皱来实现层次感的效果。所有的图形都能以不同方式来转译成机织物上的图案，例如，整个布面上的平铺循环，呈带状形态排列分布，作为边缘或是为了形成与不同质地结构区域的对比等，而最终的设计目标是要创造出设计师自己的图案与结构叙事形式。此过程中有许多人可能会去套用现有的图案或织物结构设计来快速"适配"自己的设计想法，而不是努力将自己的机织物设计成功呈现出全新且富有个人风格的设计方式。图案本身其实并不复杂，且很多时候就隐藏在我们的身旁、手边，如何观察、选择并应用它们却是这中间更为有意思的部分。

下方展示了几组与"图案"表达相关的设计案例。图2-47所示的"竹编"系列机织物设计，从其组织结构很明显能够看到，设计中对于不同竹编形式的图案形态做出了个性化的感受表达；图2-48中设计以水纹作为主题，着重于对水纹的几何化图案表现；图2-49中设计使用了装饰性极强的小提花几何纹组织来表达作者的设计意图。

图2-47　"竹编"系列机织物设计（部分）（彭林林，2022年）

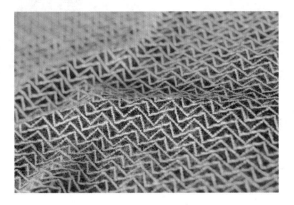

图2-48　"Wave"机织物设计系列（部分）（黄易，2015年）

图2-49　"星空"机织物设计系列（部分）（朱丽婷，2022年）

4. 线条

线条的韵律变化是回看草图和绘画时主要的关注点和核心要素。为了更为清晰地观察分辨，常常需要把这些线条从它们的绘画语境中抽离出来，从而纯粹展现出线条的运动与疏密变化。可以借助铅笔等简单工具对这些线条进行简化提炼，重点捕捉线条的流动与方向，再通过其他媒介材料（笔触、线迹、纸张等皆可）对这些线条进行重制。这种提炼可以为进一步的设计探究提供发展路径。如图2-50所示，作者用"线条"形式来探究"山水"的设计概念，从图案、肌理角度为织物设计发展作研究铺垫。

在观察、体会画面中的线条表现时，同步思考这些线条是否能反映某些纱线材料，或是暗示了可以进一步发展的织物结构，例如，一些线条的交叉可以联系到织物组织中纱线的交织状态。同时也请留意体会线条是否连续、断裂、轻浅、深重、细微、粗犷，在画面中所呈现出的是虚还是实，是显现在表面，还是构成了消失的背景，这些都可以形成设计构思时的参考。如图2-51所示的设计案例中，作者从电子故障艺术中线条不规则的断点接续获得设计灵感，基于斜纹结构的变化运用来体现线条的表现力；图2-52是以"汤面"为灵感的斜纹面料设计，显然"线条"是此块面料的表达核心，通过基本的斜纹组织来构成线条的纤细感，简约、质朴的色彩节奏搭配也传达出相对应的设计氛围。

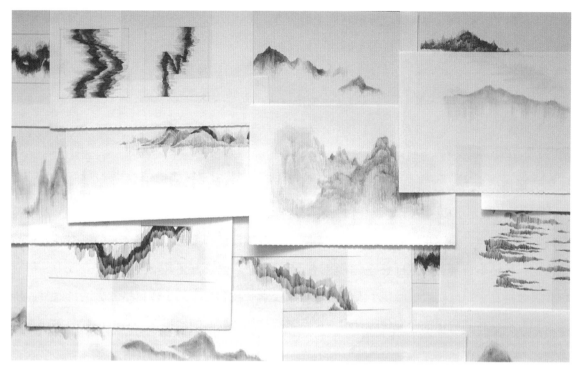

图2-50　设计概念形式探究（黄易，2015年）

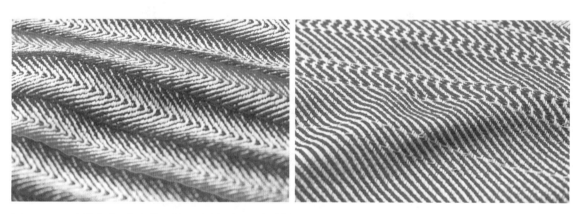

图2-51　"电子脉冲"机织物设计系列（部分）（余晓静，2022年）

图2-52　以"汤面"为灵感的斜纹面料设计（黄易，2015年）

为了使初学者在进行设计时可以有更多的参考，下面还列举了一些形容词可作为观察思考的对照，来帮助衡量不同线条描绘中的质地感受。

- 流动
- 短
- 断裂
- 连续
- 粗糙
- 扭曲
- 长
- 波浪
- 起伏
- 曲折
- 直线
- 交叉
- 点状
- 旋转
- 螺旋
- 尖锐
- 微妙

5. 风格

图 2-53 展示了以传统水墨媒介作为视觉调研的手段，这种方式结合了创作者的个人审美爱好与技法特点，并逐步成为个性化的风格特色。每位设计师都会习惯将个人的风格融入作品创作中，个体本身具备表达自我特点的能力，不论是干净紧凑，还是松弛而富有表现力，都应该积极鼓励在学习与实践中展现个人风格。努力探索并找到自己的工作风格和方法，通过逐步调整和发展，将其内化为个性化的方式。这个过程自然需要时间的积累，通过持续的实践，风格特色自然会日渐显露。

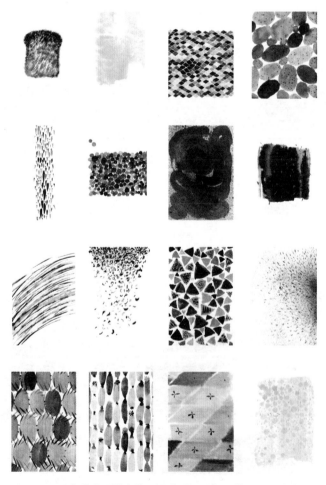

图 2-53　以传统水墨媒介作为视觉调研手段（黄易，2015 年）

（二）情绪板

情绪板（mood-board），或称主题板，是由图片、草图、文字或物品样本等元素构成的视觉拼贴画面。它在纺织品设计领域中是非常重要的工具，它有助于将初始灵感概念中互相关联的主题方向可视化，并将调研中的关键要素清晰展现在创作者面前，明确定义工作内容背景。一旦可视化和定义完成，就可以基于所挑选的视觉元素代表轻松进行整个项目的探讨，并提出新的解决方案。情绪板作为一种视觉沟通工具，几乎应用于所有的创意行业，因此对于这一工具有必要在平时的学习中进行广泛运用，并可以出现在每一个设计项目内容中。情绪板的构建工作可以以个人或者团队协作的方式进行。多人参与的好处是可以从不同的思考角度来看待同一个概念方向，不仅可以提供更广泛的素材基础，而且有助于更加客观地评判情绪板内容对于设计理念的提炼程度（图2-54）。

图 2-54 团队协作构建设计项目情绪板（黄易，2014 年）

进行情绪板工作的目标是通过图像来解决问题和发现新的联系和想法。其构成可以由一手调研内容、二手调研内容、织物样片、纱线和色彩素材以拼贴组合的方式形成，创作者必须从大量的图像材料（包括图片、材料）之间做出选择，形成设计任务的聚焦，以最直接的视觉呈现方式表达情绪感受、主题或概念（图2-55）。

情绪板不建议使用太小的幅面，至少可以是A3及以上尺寸。一个高效沟通的情绪板应保持简洁明了，不需要太过于复杂，其中最重要的是能够提供关键性参考信息，可能是某页具有启发性的绘画草图、某张照片、一串关键词，而对于机织物设计领域，还需要包括纱线材质、质感、色彩等信息（图2-56），这些信息也可以用绕纱卡的方式来进行最直接的反映；关于色彩部分的呈现，可以使用更具有创造力或视觉愉悦感的方式，例如涂刷纸面色卡或织物小样，色卡或样片都可以通过切割成不同大小比例和形状来示意想要表达的主题氛围；有时能体现主题概念的织物样片也可以囊括进来，但需要尽可能地直观反映所希望设计的面料质地感觉，当

图 2-55　情绪板以最直接明了的方式反映主题与设计意图（杨爽，2022 年）

图 2-56　情绪板可包括色彩和纱线的选择（黄易，2015 年）

然最好建议还是选择自己创作的样片材料，因为它们才真正与所处的设计发展进程直接相关联，并提供清晰明了的信息链路。

需要指出的是，情绪板是一个需要持续更新的内容，有时一直到项目结束，可能还会需要调整其中的内容，来作为最终对外沟通交流的工具材料。通常项目在发展过程中会发生调整变化，因此情绪板所反映和传达的总体氛围和信息非常重要，某种层面上说它是整个项目的"范围"和"纲领"，所有的探究活动都是围绕着这个内容范围延伸发展出去的。

二、视觉诠释与转化

运用色彩与图案来构成个人叙事表达是作为纺织品设计师的必要条件。在这两条件中既包含了尺度、节奏（循环）、肌理等各方面因素，也包含了对成本、功能、趋势和商业适应性的考量。在设计探索过程中，对于肌理质感的表达是极为重要的部分。从观察式的绘画到纸面上的设计探索，再转化到织物表面的形式表达，直至最终织物织造完成，肌理这个因素贯穿了整个设计流程环节，因为这些工作内容中能够相互转化并联系起来的关键就在于对肌理质感的表达思考。下面着重来介绍如何解决由纸面到织物这两种媒介间具体的设计转化问题。对于学习者来说，有必要对这些方法做较为全面的探索尝试，从而获得符合自己的设计工作方法。

（一）纸面探索

设计创意始于纸上的探索。纸是一种灵活、易获取的媒介，对于大多数人来说不会有特别的距离感，如果巧妙使用纸媒，可以准确地传达机织物设计的概念意图。在进行纸面探索工作时，要注意选择使用的材料，尽可能保持或反映对于最初研究对象的感受，通过视觉的叙事方式进行表达呈现。如果研究的是动植物，可能就需要考虑其形态的外观与体量感。如果灵感对象是一朵粉色娇柔的玫瑰，那么近似色彩的轻薄纸张显然会是合适的选择，而这反过来可以转化为设计机织物时的质地密度，面对这样的主题对象，在机织物结构中就不太可能会选择相对紧密且富有凹凸条纹感的重平类织物组织。所以选择合适纸面通过视觉化的直观形式展现出对于主题对象的想法十分重要（图2-57）。

一个设计项目进行到这个阶段，应该已经确立清晰的关联与主题，这些可以通过寻找不同内容对象间的共性元素（如色彩、肌理、线条或形状）来确定。这些共性元素会影响并帮助同一系列中不同设计作品间建立关联呼应。并且在很多时候会发现，在调研过程中仅仅凭借诸如色彩和肌理方面的探索，其实就可以引导设计路径的发展。所以有时给工作加入一些限定条件，往往也会有助于学习者更容易找到可循的发展道路。

作为设计阶段中的重要过程，纸面设计探索仍然属于探索试验的部分。值得提醒的是，在

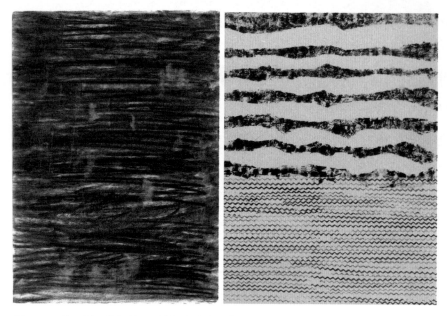

图2-57　基于纸面的肌理、图像探究试验（黄易，2015 年）

这个过程中不需要追求快速获取成果结论，以避免阻碍并失去对不同可用设计选项的充分探索机会。所以在本阶段工作中，应该注意保持一定的灵活弹性，当面对某些问题或关注焦点时，有意识地让自己多思考不同的路径选项，并大胆、耐心地进行探索尝试。

　　下面列举了一些在进行纸面设计探索时的方法，请注意思考如何通过不同媒介技术，在纸面上表达对于织物设计的想法。这些方法可当作学习阶段简要的技术指南，即便如此，在完整尝试这些探究试验方法后，依然鼓励通过这些方式引导，逐渐找到更适合自身的工作方法和设计风格。

　　纸面探索的方式主要是针对前面各种绘画性表达探究内容的转换表现，它们没有固定顺序，可多种方式组合，也可以单独应用。这些方式可以为初学者提供更多的试验思路，而且其中一些试验方法同样也适用于项目初始概念阶段。记住在设计记录本中保留发展的过程，以备后续使用。

1. 纸的选用

　　在具体使用纱线、织机解决织造内容问题前，先通过纸面的方式也许就可以解决掉相当部分结构技术层面的问题。这部分练习可以结合前面"寻找关联与主题"第四点"线条"部分的内容，思考如何把最开始观察调研过程中对于线条的表达探究用纸张来进行"转译"，如果觉得初入手有一定的困难，试着思考与纸张材质处理可以关联起来的词语，如下面所列举的，然后通过试验把绘画性内容融入材质工艺形式进行视觉转化（图2-58、图2-59）。

・剪切　　　　・撕/扯/裂　　・弯曲　　　・扭曲　　　・折叠　　　・揉　　　　　・形状

・编织（结）　・褶/皱　　　・刻画　　　・塑造　　　・卷　　　　・层叠

图 2-58　纸媒形式探究——对宣纸的弯折、晕染、烧灼与排列（黄易，2014 年）

图 2-59　纸媒形式探究——色彩、切割、重组（黄易，2015 年）

同时也请考虑所使用的纸张质地（如下所示），结合造型形式探讨是否能够一方面表达所想要呈现的织物设计质感，另一方面关联所对应草图绘画调研中尝试探究的肌理、质地与色彩。

·箔纸	·包装纸	·牛皮纸	·瓦楞纸（纸板）
·宣纸	·卡纸	·手工纸	·塑料糖纸
·褶皱纸	·透明纸（如硫酸纸）	·薄纸巾	

试验中需要注意，由于纸张的灵活特性，可以任意进行切割或黏合重组。另外，也可以通过综合媒材来发现更多的潜在可能性。当然这里所提供的参考只是起到抛砖引玉的作用，请将这些建议作为起点，打破自我界限，去回应自身所面对的设计问题。

2. 综合媒材表现

综合媒材提供了各种有趣且富有创造性的选项方式：拓印、喷涂、印刷等，使创造活动体现出足够的艺术自由度。创作者可以尽情地使用一切可能的手段来表达个人想法（在明确重点的前提下），尝试不同的技法、媒介和工具，对前期绘画调研的内容进一步作转化探究。从这里开始，需要更深入地探索主题内容，提出可能的设计思路，以便将其引入下一步织物载体部分的工作。

下面列举了几个可以参考的综合媒材探索思路，这些技术之间也可以混合、叠加进行创造性的探索，甚至还可以剪切、撕碎再粘贴重组来进一步推动试验。媒材选择上请注意结合自己主题的色彩方案（色彩板），选择不同花色、纹理、质地的纸张。另外，还可以尝试在这些纸张作品上添加缝线线迹，增加更多的画面层次。尽可能让自己享受过程，尽情发挥，无须设定特别的限制。

这些方式除了可以应用于纸上，也适用于在织物表面进行实践，可以让自己更了解织物表面的表现特性，也能帮助直观思考如何把绘画想法落实到布面载体之上。总而言之，这些方式最重要的目的是：以创新方式运用材料，从而摸索到表现图案纹理等视觉内容的新方法。就像最初进行观察绘画调研时一样，不用对自己目前的试验作品过于小心翼翼，这些想法经过发展，将会形成真正有效的信息内容。并且随着经验的累积，工作能力和个人信心的增长，会越来越善于从这些方式中"看见"潜在的设计创意机会。

（1）"防色"。在印染工艺中常常会听到防染工艺，防染是通过一定方式来阻隔染料对织物表面进行上色，从而形成预期的面料设计效果。例如，传统的蜡染、扎染便是典型的防染工艺。可以利用类似的手段在纸面上进行"防色"试验，用来表现诸如透明或空白区域的形态（图2-60）。

·使用胶带作为防止上色的方法，在纸张特定区域贴上胶带来阻止颜色渗入，来形成色彩和图案；

·蜡液（蜡笔或蜡烛）作为防色材料涂抹或绘制在表面上，可以形成细腻的图形效果；

·用漂白剂直接褪色。在干燥的有色画面进行涂抹，通过腐蚀颜色的方式起到防色的作用。如果使用笔刷涂抹，请使用刷毛是合成材料的刷子，因为动物毛刷会被漂白剂腐蚀。也可以尝试使用海绵、模板或画笔末端在纸面上涂刷漂白剂。

使用以上方法时需要注意安全防护，至少戴上手套等防护用品，因为漂白剂具有腐蚀性，蜡液融化需要加热至较高温度。

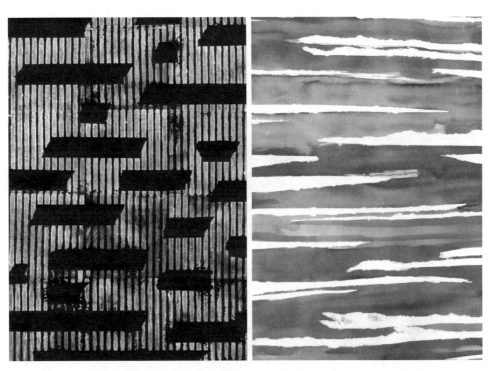

图 2-60　用胶带或纸张粘贴达到"防色"效果的试验［黄易（左），陈鑫（右），2019 年］

（2）手工拓印。以最简单的压印方式可以快速获得非常有趣的结果（图 2-61）。这里介绍使用透明亚克力板作为拓印基材的方法。首先可以用滚筒或调色刀将颜料涂抹在亚克力板表面，颜料从效果比较好的版画油墨到普通的丙烯、水粉等都可以使用。在涂抹过程中可以用各种方式制造各种纹理图案，如用画笔末端在涂抹完的颜料上绘画，或是用纸条或线条在上面形成压痕图形等，制造纹理和图案。最后在亚克力板上面覆盖纸张并用手顺平，施加一定压力后揭开，便使亚克力板上的颜料转印到纸张上。同样的方式也可以在织物表面进行更为直观的探索，在色彩上也可以从单一色彩到多种颜色，这样的方式能够进一步加深对于色彩、材料、表面在视觉呈现上的相互影响关系。图 2-62 中展示了在布面进行的拓印练习，通过大量运用简单几何形态的印章来构成不同的图案组合变化，这对于机织物设计形式的探究同样适用。

图 2-61　包装用泡沫网结合亚克力板的拓印试验（黄易，2019 年）

图 2-62　布面拓印练习（黄易，2016 年）

（3）肌理试验（图 2-63、图 2-64）。制作肌理的技巧非常多，在此处无法一一列举，下面给出了一些值得探索的技巧方式供参考。

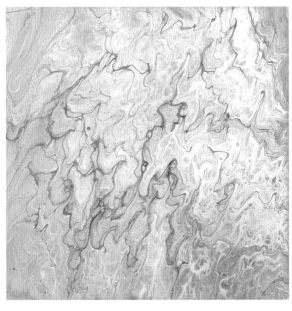
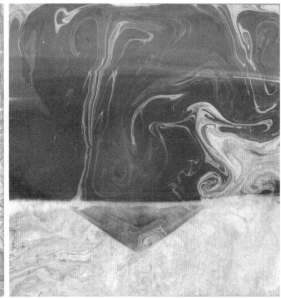

图 2-63 水拓画试验（詹婵，2019 年）

·在墨水或者水性颜料中撒盐；

·在纸面滴洒熔化的蜡，或在牛皮纸上放上蜡屑，然后用热熨斗熔化；

·指甲油拥有非常丰富且极具当代感的色彩质地，可以尝试与皱纹纸、宣纸等有纹理感的纸张做有趣的结合探索；

·尝试用胶质类材料（如白胶）在纸面形成三维立体感的纹理效果；

·蔬菜（如土豆、黄瓜、胡萝卜等）、海绵、模板、日用杂物、木块等进行印刷组合可以产生极富表现力的创意印花形态；

·拓印；

·水拓画。

（二）纺织工艺媒材探索

前面提到的探索方式大部分都集中于纸上绘画，如何将纸张上的想法转移到布面，

图 2-64 综合媒材肌理试验（黄易，2020 年）

对于很多初学者来说是一个较难跨越的鸿沟，克服这个困难的方法是逐渐将面料媒介应用到探索试验中，譬如在纸张中结合织物、纱线等纺织材料，还可以施以绣花、拼布、贴布等工艺手法。

继续回顾参考最初的概念和研究，以及纸张上的试验发展，将在纸上使用的思维过程和技术应用到面料上。作为设计探索部分的最后阶段，对于有经验的机织物设计者来说很多会跳过这个阶段，而直接在织机上进行样品的试织探索。前提是对于纱线特性、结构工艺能有相当深入的了解。初学者在积累到一定设计经验后，也可以在最初始的观察调研基础上，就直接结合纺织材料来进行思考转化。不过这些方式的选择完全取决于每个人的思考、设计风格和对于不同媒介载体的把握能力，以及不同的项目、调研对象、难易程度也会导致不同的行动决策。

对于还在了解、认识机织物设计的学习者来说，在开始织作样布之前，通过双手触摸、实践各种织物和纤维材料对于理解纱线在不同状态下的特性十分有益。

1. 刺绣

刺绣是一种非常丰富的工艺表达媒介，不管是在纸张还是织物上都能够进行（图2-65）。包括水溶衬、手工纸、毛毡、金葱线等，可以考虑把之前纸面探索部分提到的方式应用于此。在工具上可尝试使用缝纫机上提供的各种压脚，或是直接的自由缝纫，以及手头不同类型的缝纫线来进行探究（图2-66）。此外，贴补工艺这种形式也适用于与机织物相关联的创意概念探索中（图2-67），贴补工艺属于面料装饰工艺的一种，广义来说也可以被归类到刺绣工艺范畴中。对于那些愿意探索突破不同媒介边界的人来说，刺绣是一种绝佳方式，能带来无穷无尽的创意可能性。

图2-65　以刺绣为手段的材质搭配及表面效果塑造（李昕阳，2019年）

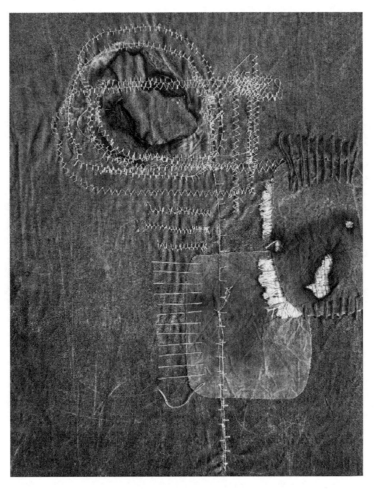

图 2-66　以缝纫线迹理解线条表现形式（于文轩，2019 年）

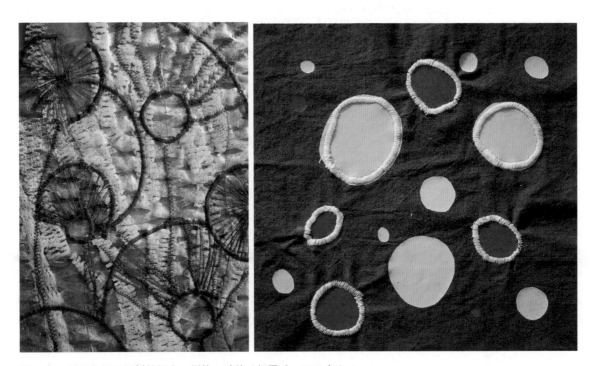

图 2-67　线迹与不同材料的组合、拼撞、贴补（杨雪兵，2019 年）

2. 拼布

拼布工艺和上面的贴补工艺有一定程度的交集。运用拼布可以快速进行图案、色彩形式的探索，尤其适合格子、条纹和色彩比例等类型的设计试验（图2-68）。

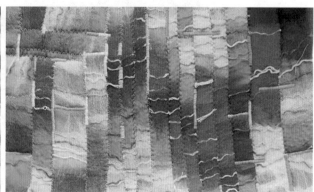

图 2-68　拼布试验练习（朱珀颐，2022 年）

三、反思与评估

在项目进行过程中定期停下来回顾一下迄今为止所完成的工作，这在设计发展过程中是非常有必要的环节。分阶段对所做的工作和计划前进的方向进行评估这一点至关重要，这有助于确保工作内容能够和概念主题始终保持吻合，并能持续保持不偏离预想轨道。因此对于学习者而言，建议积极采用思辨的态度来看待自己的实践工作和行为理由，学会用批判和怀疑的眼光看待问题。

下面列举了一些问题，可以有助于在进行机织物设计过程中更好地理解并推进自己的设计构想。所有这些想法和问题都应该被记录或反映到设计记录本中。随着项目发展推进，当在回顾或翻看这些内容时，不同时间点对于同样问题的看法可能会发生变化，但请保持开放态度。正是通过这种不断的整理思索，才会逐步塑造出独立自主的工作和思维方式。

· 设计灵感来自哪里？项目是关于什么主题？

· 对潜在的最终产品有什么想法？

· 对于该产品，最适合用哪种纱线、结构和颜色？

· 结构可行吗？纱线是否匹配预期功能？

· 它将具有或需要哪些功能性设计特点？

· 它是为谁设计的？是否有目标市场或用户？

· 是否需要应用任何后整理工艺？

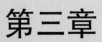

第三章

机织物织造准备

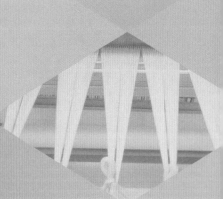

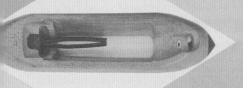

第一节　小提花织机构造

教学中比较常使用的织机为SGA598半自动小样织机（图3-1），可用于天然材料、化学材料的织造。织机采用气动开口装置，最多24片综，可同时存贮5个纹板控制触摸屏，每个纹板可达1000行。织造时通过输入纹板图，机器自动提综形成开口，以手动引纬、送经、卷取的方式完成织造，方便学生随时根据设计想法更换纬纱，调节纬密等，自由地进行创作。

整个织机从前到后分别由控制主屏、卷布辊、钢筘、综框、分绞棒、经轴等部分组成（图3-2）。钢筘的主要功能为确定织物的经密、幅宽及打纬，综框的主要功能为根据纹板图提综，形成织口，方便投梭引纬（图3-3）。每次引纬结束后，手动把钢筘拉向前方进行打纬操作，同时机器下方固定在机器左右的传感器收到信号，自动更换到纹板图中下一梭，形成新的织口。

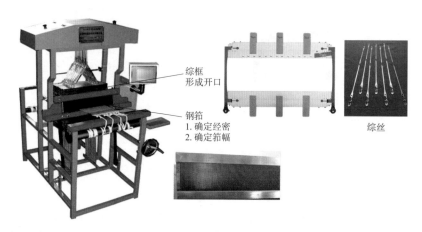

图3-1　半自动小样织机（曹阳，2023年）

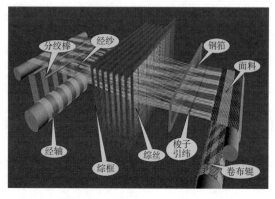

图3-2　3D模拟图A（曹阳，2023年）

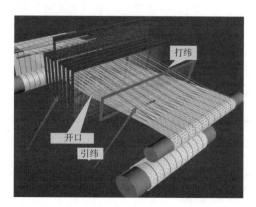

图3-3　3D模拟图B（曹阳，2023年）

第二节　整经流程

一、纱线准备

需要根据织物设计的风格主题、产品用途及目标客户的要求来确定纱线的质地、色彩及织物的密度。例如，环保可持续主题的设计中一般多选用棉、麻、循环再生材料等。不同季节的产品会使用不同细度的纱线，例如，春夏季节产品一般织物比较轻薄，选择吸汗、透气、较细的纱线，秋冬季节产品一般多选用较粗、保暖性好的纱线。

经纱线与纬纱线密度在创新织物的设计中一般有三种形式，即经纱线密度大于、等于或者小于纬纱线密度。生产中为了便于管理，让织造过程效率更高，一般采用经纱线密度大于或等于纬纱线密度。除了线密度外，纱线的捻度也与织物的质感与强度有关系。一般来说，织物的捻度越高，强力越好。经线需要一定的强度及弹性，保障织造能顺利进行，不断纱。

图3-4为一组经线的设计。该作品设计灵感来源于夏日里一颗颗饱满的青提，因此选择了青绿、蓝色及米白等作为主要色彩，突出夏日里青提的清透。材质上选择的是水晶麻丝，质感上更加凉爽。

纱样	样纱 / 成分
经纱	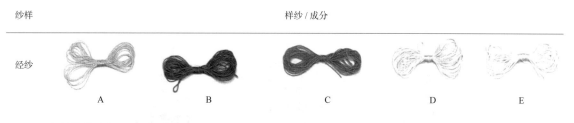
	A　　　B　　　C　　　D　　　E

图3-4　经纱纱样（曹阳，2023年）

经纱循环的设计：56A 13D 13E 13D 13C 13E 6B 13D 。图3-5为经纱实物效果。

图3-5　经纱实物效果图（曹阳，2023年）

二、整经

整经工艺分为整经机整经和手工整经两种，下面分别介绍两种整经方式的操作。

（一）整经机整经

目前用于小样整经的机器为全自动单纱整经机，它由左侧的整经机、中间的换纱架及右侧的储纬器架三部分组成。图3-6所示为GA193单纱整经机。

使用前要打开为整经机供气的空压机，顺时针旋转打开整经机左侧的电源，打开整经机滚筒下面左侧的钥匙开关，如图3-7所示。

打开整经机左侧的计算机主机及整经机上的显示器，计算机启动后会显示软件界面（图3-8），首先进行数据设定，其中速度、选纱速度及分绞速度可以根据不同纱线进行调整，一般三者数值相同（图3-9）。

图3-6　GA193单纱整经机（曹阳，2023年）

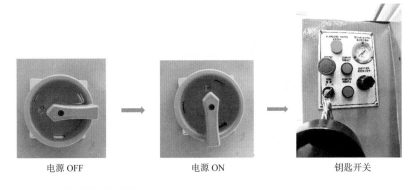

电源OFF　　　　电源ON　　　　钥匙开关

图3-7　整经机开关（曹阳，2023年）

图3-8　开机界面（曹阳，2023年）

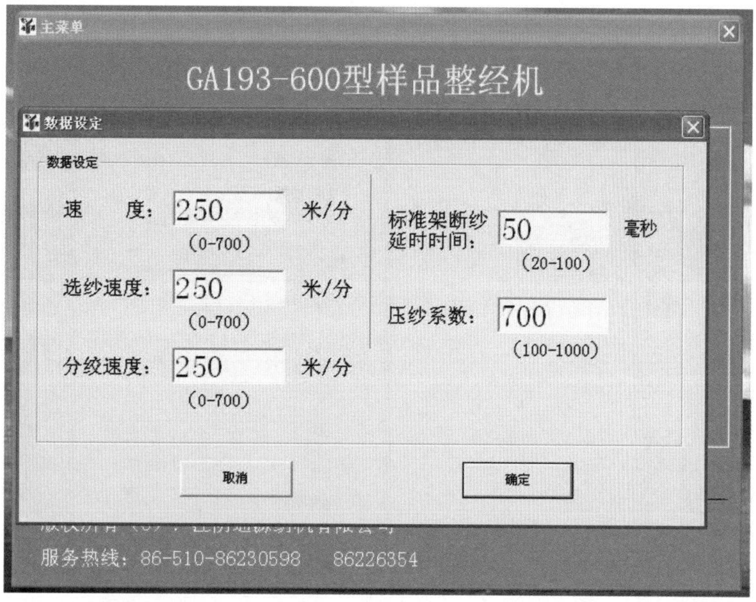

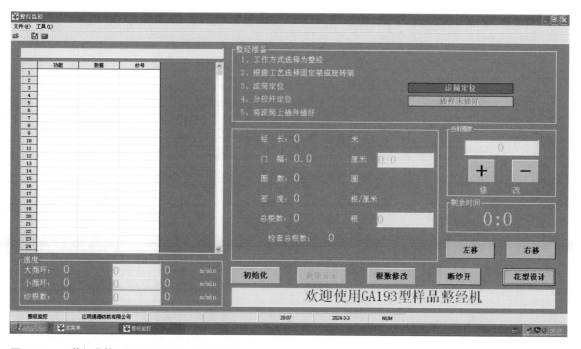

图 3-9 数据设定（曹阳，2023 年）

数据设定好后点击"确定"，返回到主界面，点击"整经监控"，进入"整经监控"页面。（图 3-10）。

1. 花型设计

在"整经监控"界面点击右下角"花型设计"，可以将已经设计好的经线输入，如图 3-11 所示。

图 3-10　"整经监控"页面（曹阳，2023 年）

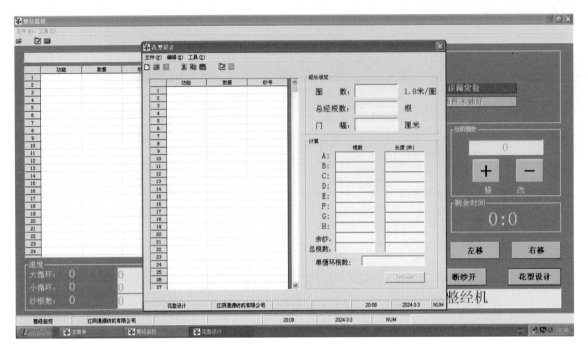

图 3-11　花型设计（曹阳，2023 年）

　　确定了使用的经线与经线的循环方式之后，在整经前还需要确定织物的其他工艺数据，如织物的幅宽、经线的线密度与长度。

　　根据选用经线的粗细及织物的风格选择合适密度的钢筘号，以及确定每筘经纱的穿入数。钢筘号一般分为公制和英制两种规格，公制是 1cm 范围的筘齿数量，英制是 2 英寸（5.08cm）范围的筘齿数量。如上面这个例子中的水晶麻丝，比较合适的钢筘号为英制的 40 号筘，1 筘 2 入。

　　花型设计 A：经纱只有一个颜色，总经根数是 200 根，幅宽 25cm，长度为 9m。总经根数的计算：这里是设计织造宽为 25cm 的织物，8 号钢筘，按 1 筘 1 入（公制）来计算，即 25×8=200（根）；圈数的计算：设计织造的经线长度为 9m，每圈 1.8m，即 9÷1.8=5（圈）。最多可以整经 10 圈，即 18m。参数设置如图 3-12 所示。

　　花型设计 B：经纱为 300 根 A 纱，300 根 B 纱，循环 1 次，幅宽 30cm，10 号钢筘，1 筘 2 入，共 600 根。参数设置如图 3-13 所示。

　　花型设计 C：此花型中包含了 1 个大循环，循环 3 次，大循环内又有很多小循环，在输入时要注意每个循环的循环内容及次数。无论大循环还是小循环，完成后都需要有循环的结束，以及全部完成后的结束。参数设计如图 3-14 所示。

　　花型设计好后，点击上面的"编译"，编译成功后保存，保存的文件后缀为".cel"。如果编译不成功，根据提示重新检查花型设计，直到编译成功方可保存（图 3-15 ~ 图 3-17）。

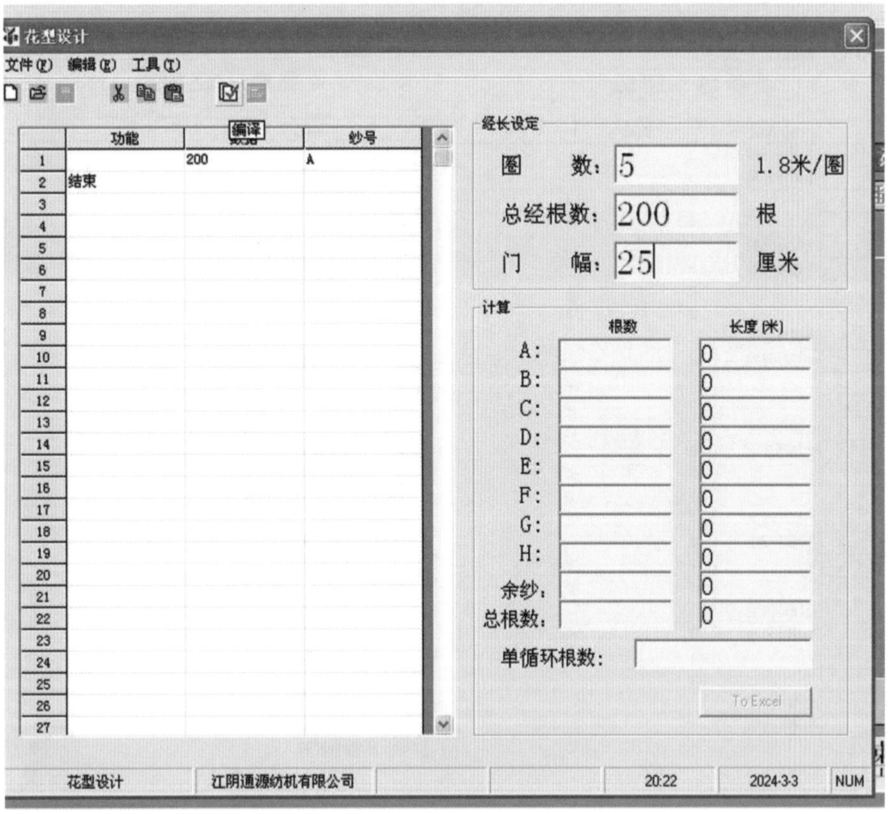

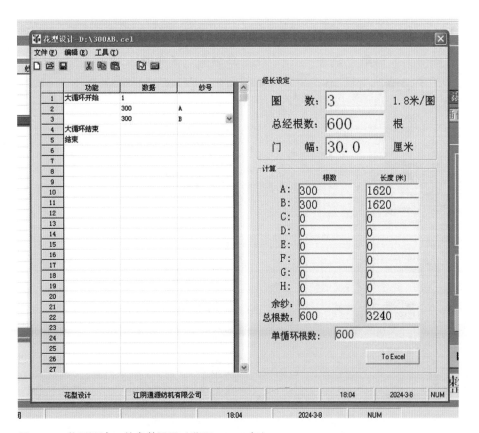

图 3-12　花型设计 A 的参数设置（曹阳，2023 年）

图 3-13　花型设计 B 的参数设置（曹阳，2023 年）

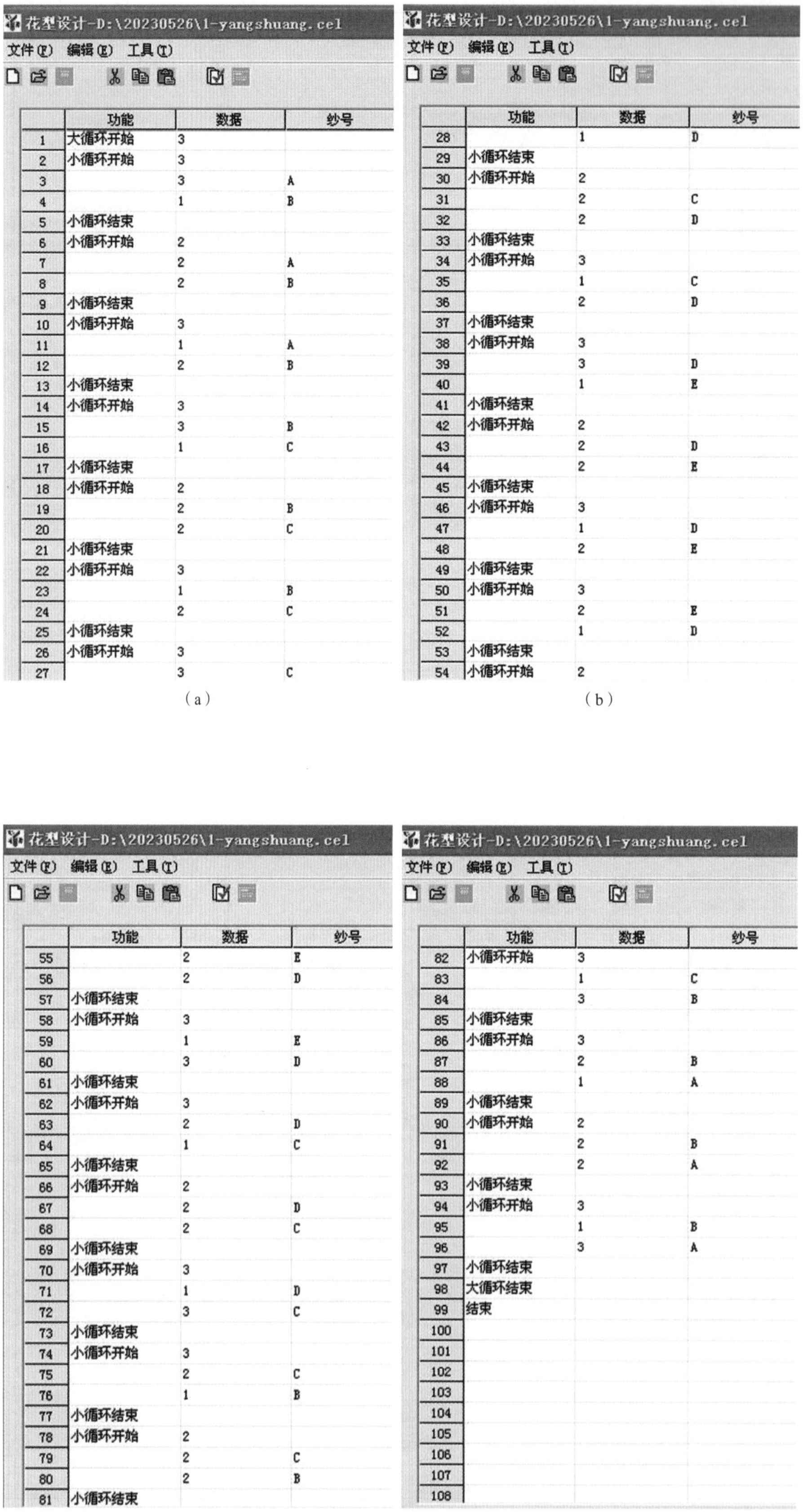

花型设计-D:\20230526\1-yangshuang.cel

	功能	数据	纱号
1	大循环开始	3	
2	小循环开始	3	
3		3	A
4		1	B
5	小循环结束		
6	小循环开始	2	
7		2	A
8		2	B
9	小循环结束		
10	小循环开始	3	
11		1	A
12		2	B
13	小循环结束		
14	小循环开始	3	
15		3	B
16		1	C
17	小循环结束		
18	小循环开始	2	
19		2	B
20		2	C
21	小循环结束		
22	小循环开始	3	
23		1	B
24		2	C
25	小循环结束		
26	小循环开始	3	
27		3	C

（a）

花型设计-D:\20230526\1-yangshuang.cel

	功能	数据	纱号
28		1	D
29	小循环结束		
30	小循环开始	2	
31		2	C
32		2	D
33	小循环结束		
34	小循环开始	3	
35		1	C
36		2	D
37	小循环结束		
38	小循环开始	3	
39		3	D
40		1	E
41	小循环结束		
42	小循环开始	2	
43		2	D
44		2	E
45	小循环结束		
46	小循环开始	3	
47		1	D
48		2	E
49	小循环结束		
50	小循环开始	3	
51		2	E
52		1	D
53	小循环结束		
54	小循环开始	2	

（b）

花型设计-D:\20230526\1-yangshuang.cel

	功能	数据	纱号
55		2	E
56		2	D
57	小循环结束		
58	小循环开始	3	
59		1	E
60		3	D
61	小循环结束		
62	小循环开始	3	
63		2	D
64		1	C
65	小循环结束		
66	小循环开始	2	
67		2	D
68		2	C
69	小循环结束		
70	小循环开始	3	
71		1	D
72		3	C
73	小循环结束		
74	小循环开始	3	
75		2	C
76		1	B
77	小循环结束		
78	小循环开始	2	
79		2	C
80		2	B
81	小循环结束		

（c）

花型设计-D:\20230526\1-yangshuang.cel

	功能	数据	纱号
82	小循环开始	3	
83		1	C
84		3	B
85	小循环结束		
86	小循环开始	3	
87		2	B
88		1	A
89	小循环结束		
90	小循环开始	2	
91		2	B
92		2	A
93	小循环结束		
94	小循环开始	3	
95		1	B
96		3	A
97	小循环结束		
98	大循环结束		
99	结束		
100			
101			
102			
103			
104			
105			
106			
107			
108			

（d）

图 3-14　花型设计 C 的参数设置（曹阳，2023 年）

图 3-15 编译（曹阳，2023 年）

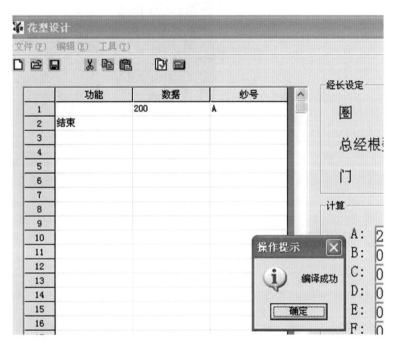

图 3-16 编译成功（曹阳，2023 年）

图 3-17 保存（曹阳，2023 年）

花型保存后关闭花型设计，在"整经监控"界面打开刚刚保存的花型设计A文件，编译（图3-18）。

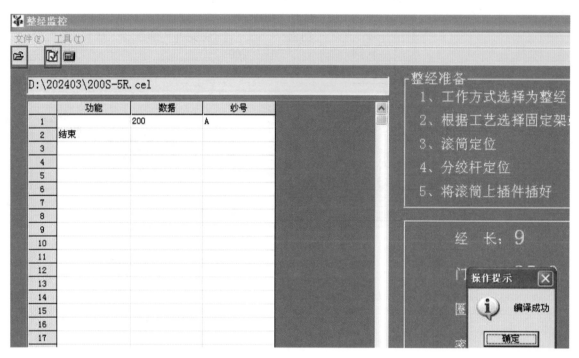

图3-18　打开花型文件（曹阳，2023年）

编译成功后，点击在界面上方会出现"下载"图标，在新窗口上点击"下载"（图3-19）。

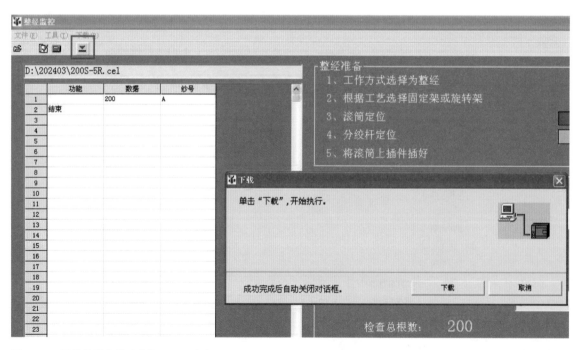

图3-19　下载花型文件（曹阳，2023年）

2. 穿线设置

把经线按照花型设计的经线对应挂到后面的储纬器架上，一上一下一共可以挂从A到H共8个颜色（图3-20）。下面以A纱为例演示穿线过程：

首先把白线从穿线钩上绕几圈固定，从后向前穿过储纬器纱口A（图3-21、图3-22）。

然后穿过换纱架（图3-23）。在穿过换纱架前面时，注意此处纱线要从杠杆上方穿过（图3-24）。

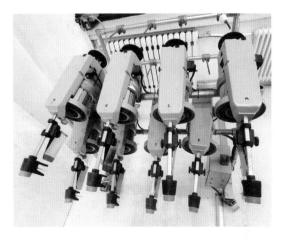

图3-20 储纬器上8个纱线口（曹阳，2023年）

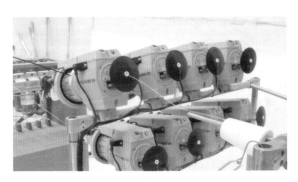

图3-21 穿线（一）（曹阳，2023年）

图3-22 穿线（二）（曹阳，2023年）

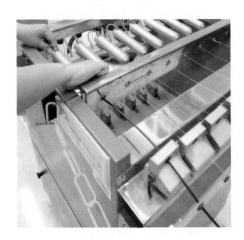

图3-23 穿过换纱架（曹阳，2023年）

图3-24 穿过换纱架A口（曹阳，2023年）

从整经机下方穿过（图3-25）后，在A口处绕线然后固定到后方的磁力球上（图3-26）。

图 3-25　从整经机下方穿过（曹阳，2023 年）　　　图 3-26　穿入 A 口固定（曹阳，2023 年）

3. 整经设置

（1）点击"初始化"，在弹出的"复位"面板上点击"是"（图3-27）。

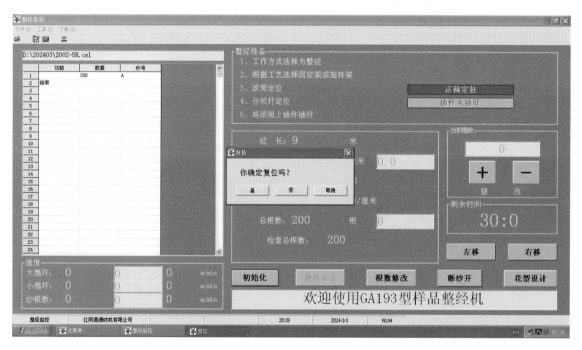

图 3-27　初始化、复位（曹阳，2023 年）

复位后点击操作面板上的"运行"按钮（图3-28），整经机开始整经（图3-29），在整经过程中经常会出现状况，机器会通过提示灯来说明。

图 3-28　操作面板（曹阳，2023 年）

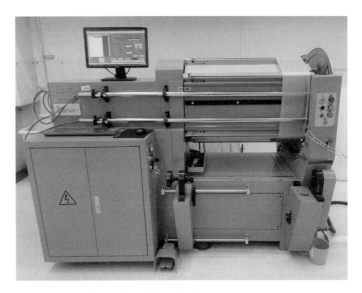

图 3-29　整经过程（曹阳，2023 年）

断经提示：此灯亮时，机器会自动停下，这时找到断经接好后，如果需要调整钩子位置或者断线缺少圈数时，可先点击"点动"，到合适位置后点"复位""运行"。

双卷绕提示：此灯亮时说明钩子同时钩上了两根经纱，此时需要看整经监控上应该在绕哪根经纱，把多余的经纱放回到原来的纱线口位置，点"复位""运行"。

停止：在整经过程中无论发生任何事情，如一轴线用完了，可先点击"停止"，换上新的一轴线、接好，再点"运行"。

总经根数指示灯：当整轴经纱都绕好后，总经根数指示灯亮起（图 3-30）。此时点击计算机屏幕上的"初始化"，让最后一根纱线绕到前方，再把每根经线的线头和线尾都剪断。

（2）安装经轴，注意要让右侧两个固定点都插入锁死，然后把左边也固定好，摇紧（图 3-31）。

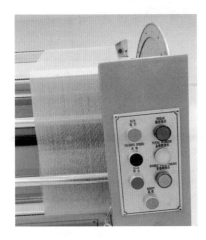

图 3-30　整经完成（曹阳，2023 年）

图 3-31　安装经轴（曹阳，2023 年）

（3）屏幕上点击"左移"，让经线移到对应经轴的中心位置（图3-32）。

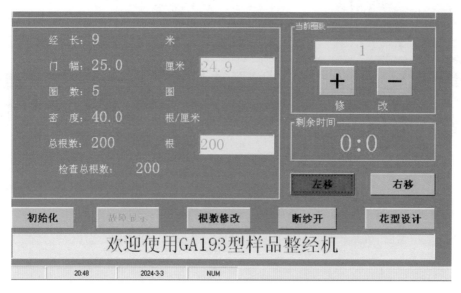

图3-32　左移（曹阳，2023年）

在前面两层经线之间穿入压纱板，并用内六角工具拧紧镙丝固定住经线的尾部（图3-33）。把整经机左侧的气管往里推，拔掉所有气管（图3-34）。

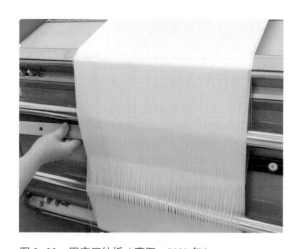

图3-33　固定压纱板（曹阳，2023年）

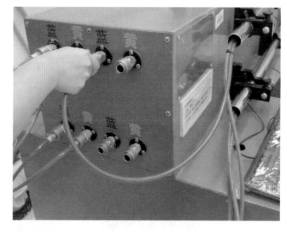

图3-34　拔掉气管（曹阳，2023年）

然后绕到整经机背面，把分绞线系在三角工具上（图3-35），拔出右侧横杆上的插销（图3-36），把横杆向右侧拉至滚筒外，同时分绞线穿入经线中。上下两根杆都抽出后，把分绞线系好，防止脱开（图3-37）。

固定好分绞线后，回到机器前面，依图3-38所示，剪断上面一层经线，根据经轴上布祥多少把纱线等分，分别系到经轴上（图3-39）。

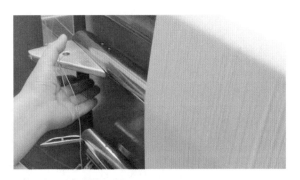

图 3-35　系分绞线（曹阳，2023 年）

图 3-36　取出插销（曹阳，2023 年）

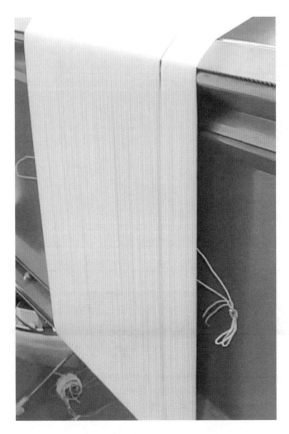

图 3-37　固定分绞线（曹阳，2023 年）

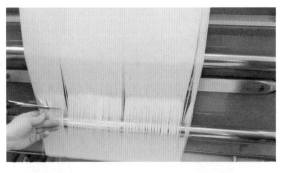

图 3-38　剪经线（曹阳，2023 年）

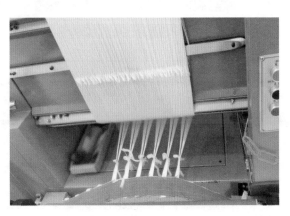

图 3-39　把经线固定到经轴上（曹阳，2023 年）

经线系好后关闭屏幕上的"整经监控"界面，点击"整流"将工作方式切换至"倒轴"（图3-40），通过脚下控制倒轴的运行与停止，开始时注意根据经线松紧情况调整经线的张力，可以垫入牛皮纸让经纱张力更均匀（图3-41）。

当滚轴转到压纱板后，用剪刀剪断经线（图3-42），并分组打结，防止上机时经线散乱（图3-43）。

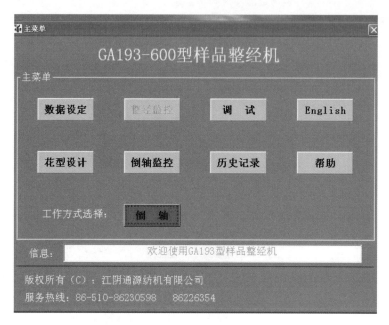

图 3-40 倒轴（曹阳，2023 年）

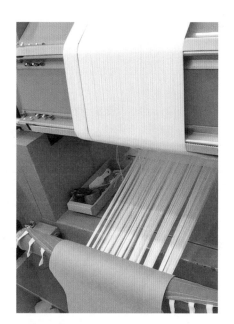

图 3-41 垫入牛皮纸（曹阳，2023 年）

图 3-42 剪断经线（曹阳，2023 年）

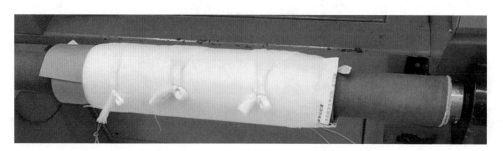

图 3-43 经线打结（曹阳，2023 年）

（二）手工整经

除了使用整经机进行整经外，也可以通过手工整经完成，下面用两种整经工具来举例说明。

1. 木框绕线整经

整经用木框架是国内外非常常见的一种手工整经工具，可以根据所需经线的长度来自由选取木框上不同的支点进行缠绕，非常方便。整经时起头位置距离分绞点大约1m，打结固定到支点上。然后按图3-44所示绕线，注意每个分绞的位置都要一根在上，一根在下，这样一上一下交叉绕线（图3-45）。

为防止经线取下后互相缠绕混乱，每绕50根用粗毛线进行打结，如图3-46所示。

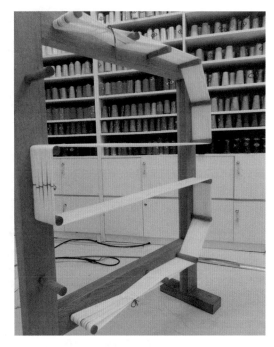

图3-44　手工木框整经（曹阳，2023年）

图3-45　分绞位置（曹阳，2023年）

图3-46　在中间位置分组打结（曹阳，2023年）

2. 圆盘绕线整经

这是一种非常方便的手工整经方法。将纱线放在地上，经过地上的线架后在距离分绞点1m的位置系好，手握住黑色手柄开始绕线（图3-47、图3-48）。

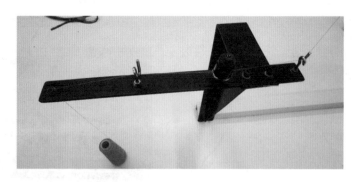

图 3-47　手工整经穿线方法（曹阳，2023 年）

图 3-48　圆盘绕线手工整经（曹阳，2023 年）

每次线经过分绞的位置时，一根在上，一根在下，让此处形成交叉状。全绕好后，此处用粗毛线系好固定，如图3-49所示。

图 3-49　分绞位置用粗毛线固定（曹阳，2023 年）

每绕到50根后，可以分组打结，防止经线取下后发生混乱，如图3-50所示。

图 3-50　分组打结（曹阳，2023 年）

这种整经方式也可以通过调整支点位置来调节整经长度（图3-51）。

图 3-51　支点调节孔（曹阳，2023 年）

第三节　上机织造

一、固定经线

在织造前，首先需要把整好的经轴与织机对好孔位，固定在织机上。然后把两根分绞杆分别插入分绞线的位置后固定到织机上。最后把纱线尾端固定到夹纱板中，拧好螺丝，以每根经线可以顺利抽出且不带出其他经线为宜（图3-52～图3-55）。

图 3-52 固定经轴（曹阳，2023 年）

图 3-53 分绞（曹阳，2023 年）

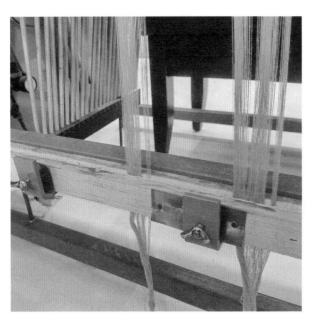

图 3-54 固定经纱（曹阳，2023 年）

图 3-55 上机效果（曹阳，2023 年）

二、穿综

经线固定好后开始准备穿综。首先确定使用的综框及综丝数量，把每个综框上不用的综丝均匀地放在两边，使综框保持水平。然后把用到的综丝放到右侧开始穿综。取经线时，注意按分绞顺序依次取出（图 3-56），然后用穿综钩进行穿综（图 3-57）。图 3-58 为 12 片综对称穿的示意图。

图 3-56　穿综取线方法（曹阳，2023 年）

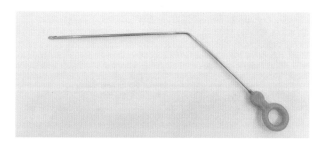

图 3-57　穿综钩（曹阳，2023 年）

图 3-58　12 片综对称穿（曹阳，2023 年）

三、穿筘

穿综结束后开始穿筘，如果是 1 筘 2 入，那么使用穿筘刀插入正对后面经轴左侧位置开始穿入第 1、2 根，然后依次向右一个筘齿穿入第 3、4 根，以此类推，直到所有经线穿完后，把经线分组系到卷布辊上（图 3-59）。

图 3-59　经纱固定（曹阳，2023 年）

四、准备纬线

织造前需要准备好投梭使用的纬线：把梭子中的纡子取出，插入绕线机上，把线头逆时针绕到纡子上几圈，然后调整速度，打开开关，用手左右循环控线，使线在纡子上保持均匀，方便从梭子上顺利抽出（图3-60、图3-61）。

纡子绕好线后，把它插到梭子中心的铁杆上，注意要推到底。然后把线头从梭子下面前方穿入，从侧面出来，再穿入左侧的孔中，如图3-62和图3-63所示。

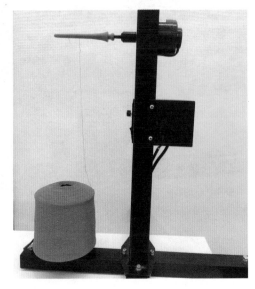

图 3-60　绕线机（曹阳，2023 年）

图 3-61　绕线方法（曹阳，2023 年）

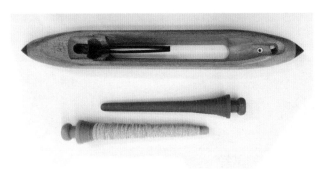

图 3-62　梭子、纡子（曹阳，2023 年）

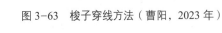

图 3-63　梭子穿线方法（曹阳，2023 年）

五、输入纹板图

向右旋转钥匙，打开织机电源，屏幕亮起，点击"进入"（图3-64）。

进入后点击"编辑纹板"，先设定总行数，以6片综平纹为例，总行数为"2"，红色为经

图 3-64　织机控制面板（曹阳，2023 年）

组织点，第一行为 1、3、5（图 3-65），点击"下一行"，输入 2、4、6，然后保存纹板，织机一共可以保存 5 个纹板，这里保存到纹板 5（图 3-66）。保存后点击"运行画面"回到主页面，然后点击"调用纹板"，点击刚刚保存的平纹"纹板 5"，运行画面，就可以进行织造了（图 3-67）。

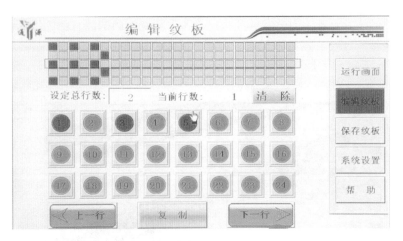

图 3-65　编辑纹板（曹阳，2023 年）

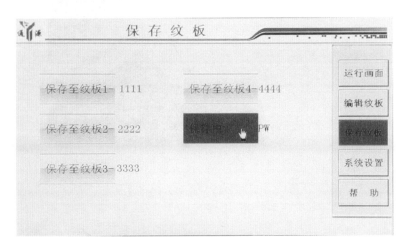

图 3-66　保存纹板（曹阳，2023 年）

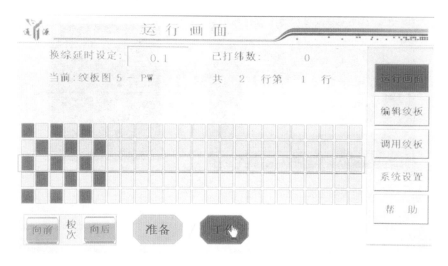

图 3-67 运行纹板（曹阳，2023 年）

　　以上所有设计前期的准备工作完成后，就可进入正式的织造环节。在控制面板上推动气压控制杆，给设备供气，然后点击屏幕上的"工作"按钮，通过自动投梭、打纬，便可完成第一行的织造（图3-68）。接下来继续投梭、打纬，或者重新调用新的纹板图继续新的设计和织造工作。

图 3-68　投梭（曹阳，2023 年）

第四章

机织物创新设计方法

"机织物工艺与设计"是一门需要具备理论知识，并与实践操作相结合的课程。在掌握了纤维、纱线、织物组织等理论知识后，织物创新的设计方法是完成好设计的重要方法。在此首先讲解如何有趣地去设计一块布，一块符合多臂织机织造的小提花面料。织物的造型与艺术设计是指纹织的花纹图案及其配色设计，纹样设计和色彩设计是依据产品的用途与组织结构，绘画出织物纹样或图案，纹样或图案应体现提花织物的花纹效果。任何一件优秀的服装作品，都离不开前端精美的面料设计。1769年，英国发明家詹姆斯·凯利发明了机械织布机。中国的织造工艺也有着悠久的历史，反映了我国织造的最高水平，将中华民族优秀的文化特色和艺术底蕴融入纺织品设计作品中，是当代设计师的使命（图4-1）。

　　举一个例子，首先对比一下图4-2中的两块面料，（a）是一块普通的面料，没有经过设计的素色机织物面料，而（b）是经过设计师精心设计的提花机织物面料。它的设计灵感来源是

图4-1　中华优秀传统文化融入纺织品设计（上玖楷官网）

（a）素色机织物面料　　　　　　　　　　　（b）提花机织物面料

图4-2　织物面料

中国传统绘画中海浪的造型，经过抽象的造型设计，匹配适宜的织物组织，最贴切的纱线配色，以及合适的纱线材质，经过多种因素的组合设计而形成了这样一块精美的面料。

第一节　形态图表设计法

工艺设计师上机织造的前提是确定成品规格、总经根数、经纬密度、边纱数、筘号、筘幅等织造工艺参数。织物设计信息的采集与整理同样是完成织物设计的要素之一。设计工作者在掌握一定的专业理论知识和实践知识的同时，需要重视设计信息的采集与整理，通过分析判断，制定设计方向，引导设计思路，选择设计内容。新产品的设计大致通过收集信息、确定设计方案、完成生产工艺和纹制工艺等步骤。其中通过市场信息确定设计方向是完成设计的基础。信息收集是在深入生活、市场调查及分析资料中获取的。在设计产品环节，市场调查是获得设计信息最有效的方法。

设计的织物纹样应体现提花织物花纹和面料的立体效果。广泛利用原料特性、经纬组合、颜色配置、提花机装造等因素，使纱线与组织配合，达到整体设计最佳效果。在进行色彩设计时，按照纹样设计意图，结合市场需求和流行色趋势，确定经纬纱颜色。

设计是把一种设想通过合理的规划、周密的计划，以各种感觉形式传达出来的过程。设计不等同于艺术，设计是游走于艺术与商业之间的一种形式。巴尔扎克说："思维是开启一切宝库的钥匙。"

形态图表设计法思维方法是经过作者本人多年的设计和教学经验总结出来的科学、有效的设计方法，不仅适用于织物设计，也可应用在其他的设计类别中。首先需要建立一个表格，两个或两个以上的横向与纵向交织，将所有的标准结合在一起，就有了大量的新想法可供选择。案例中以A，B，C，…来代表表格中横向的信息，纵向以1，2，3，…数字来代替，以便读者能够更好地理解。将所有的标准结合在一起，就有了大量的新设计可供选择。比如，横向的A和纵向的1形成了1A，横向的A和纵向的2形成了2A，横向的A和纵向的3形成了3A等，横向与纵向交织出来的内容永远不会有重复（图4-3），这就是形成设计的依据和方法。在设计中它不只是局限于这些，通过形态图表设计法能够形成大量的关联性数据。下面分别从色彩、图案、织物三个方面由浅入深地阐述形态图表设计法的应用原则。

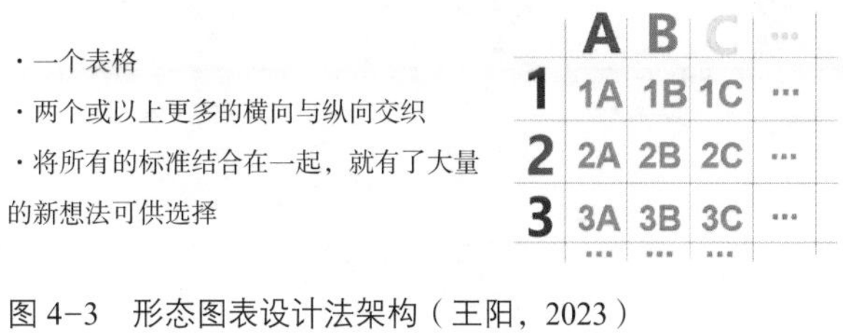

·一个表格
·两个或以上更多的横向与纵向交织
·将所有的标准结合在一起，就有了大量的新想法可供选择

	A	B	C	
1	1A	1B	1C	…
2	2A	2B	2C	…
3	3A	3B	3C	…
	…	…	…	

图4-3　形态图表设计法架构（王阳，2023）

一、色彩形态图表设计法

先以色彩图表设计法引入主题。如果去设计一个色彩，如何运用这个形态图表设计法理解系列性色彩作品的设计。首先在横向表格中列举黄色、红色、蓝色和绿色四种颜色，在纵向的列表中列举黑色、灰色和白色三种颜色（图4-4）。横向看，黑色原点和黄色、红色、蓝色还有绿色的原点分别交织出不一样的颜色，相应地也有一个设计的改变。纵向看，黑色、灰色和白色三个色彩明度发生了变化，在这一个色阶内，越往列表的下列交织出来的颜色明度越高。

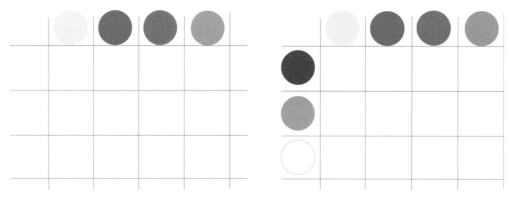

图4-4 色彩形态图表设计法架构（王阳，2023）

当横向与纵向的色彩进行交汇时，会形成新的色彩，明度越高，交织出来的颜色越饱和。最后形成了一个系列性的全新色彩图谱。用色彩来示范图表形态设计法是非常简单易懂的，也很实用，适用于设计师梳理系统的色彩案例和整合配色方案。这个色彩的形态图表设计法有利于同学们在色彩设计中完成一个色彩的训练，去实现一个课题的色彩基础调研。当然在完成色彩设计时，肯定不会是这么简单的红、黄、蓝和黑、白、灰的配色关系，它可能会更复杂，但是所运用的原理是相同的（图4-5）。

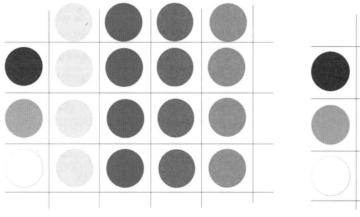
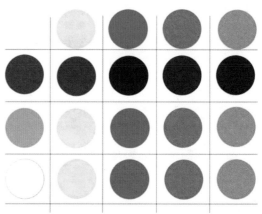

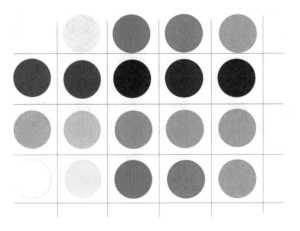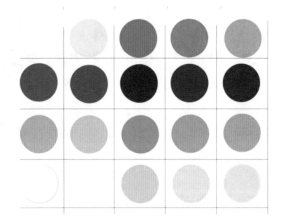

图 4-5　色彩形态图表设计法示例（王阳，2023 年）

二、图案形态图表设计法

形态图表设计法在系列性图案设计的领域也非常适用。比如，通过形态图表设计法完成一组简单图形的设计，依然需要这样一个基础性的表格，首先赋予横向和纵向一些基本的图案设计元素，纵向表格中列入黑白相间的棋格纹、细条纹和一个红色半圆。横向表格中依次列入黑色的小圆点、红色波普元素和一个渐变的正方形元素（图4-6）。

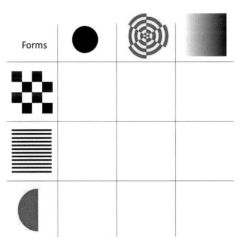

图 4-6　图案形态图表设计法架构（王阳，2023 年）

当横向与纵向的图案交织后，可以看到，黑色的圆点与黑白相间的格子形成了新的波点图形；黑色的圆点再与条纹结合，便形成一个新的点、线、面的结合；黑色的圆点与红色的半圆结合，形成了一组有趣的、活泼的跃动组合。其实每一组元素还能结合出非常多其他的可能性，整组系列作品之中，相同中有不同，不同中又有相同，这也就是系列性作品设计的基本原则。当然一个黑色的圆点和一个棋格纹不只是形成这么一个所列举的设计，它可以有很多种形式和可能性。每一个设计师的思维和设计方法的不同，理念不同，创作者对不同元素组合的理解不同，以及灵感来源的不同，都会形成非常多的其他设想和可能性（图4-7）。

在每一个设计师眼中，结合不同的案例和元素，一定会呈现全新的设计方式。看似简单的黑色圆点和一个红色的半圆，可以形成无数全新的图形。所以，通过形态图表设计法可以不断去学习和延伸自己的作品。不同的元素在不同的设计师面前有不一样的演绎方式，最重要的是设计师对图案和产品细节的把握。不管同学们将来是做设计还是做产品，一定要具备可持续的系列性。

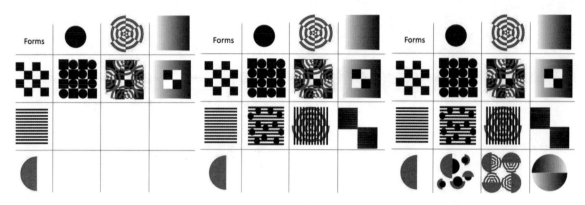

图 4-7　图案形态图表设计法示例（王阳，2023 年）

三、织物形态图表设计法

形态图表设计法在织物设计的表现中具备系统整理的优势，可以总结设计中的规律。我们通过一组案例具体讲解。首先，设定一组可作为参照的整体参数，如图4-8中左侧部分所示的工艺参数，穿综图、穿筘图、经密23根/10cm、纱支60支/2，以及经纱条的色彩排布。右侧部分应用形态图表，图表顶部的第一个横向序列是此次案例的经线排列方式，运用了五组色纱，按均等的比例循环排列。图4-8中所示的参数在此次设计中作为固定参数。

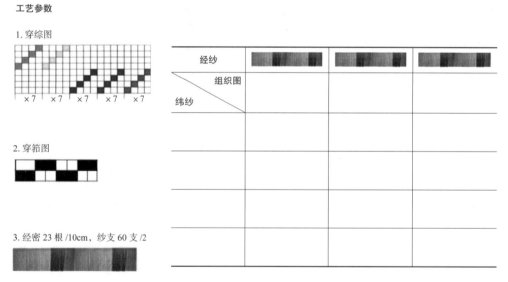

图 4-8　织物形态图表设计法架构（一）（王阳，2023 年）

在确定了本次方案的固定参数后，可以通过调整和加入设计的可变参数，如组织图和纬纱。意匠图设计是纹织物的一个重要环节，是纹样和组织结构相结合的过程。意匠绘图是在意匠纸上将纹样放大，填入相应的组织，使平面图案转化为立体的组织结构的呈现方式。工艺组织图和纬纱都要根据设计者的灵感来源，不断地去重新选择、调整和完善。接下来就运用形态图表设计法，它的横向用来列举设计组织图，纵向用来列举选用的纬纱（图4-9）。

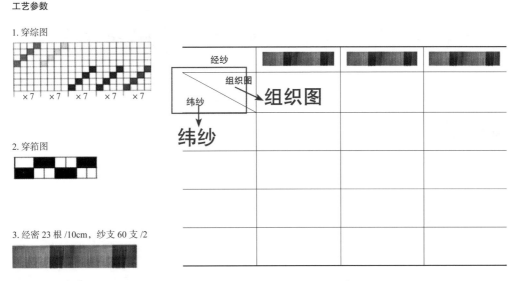

图4-9　织物形态图表设计法架构（二）（王阳，2024年）

三元组织包含平纹组织、斜纹组织和缎纹组织，它们是一切组织的基础。关于织物组织图的具体讲解在众多的专门教材中都有详细介绍，此处不再赘述，读者需要在掌握扎实的织物组织原理的基础上才能够深入学习织物的设计和面料的织造，开展更有创意的面料研究。在这一组图表案例中，就以最简单的平纹组织和斜纹组织为例，为大家讲解织物形态图表设计法（图4-10）。

选取一组和经纱排列组合一模一样的纬纱，尽可能使用同样的经密和纬密。可以看到同一组纬纱，在经纱参数不变的情况下，分别以平纹组织和斜纹组织织造后，形成了两块完全不同

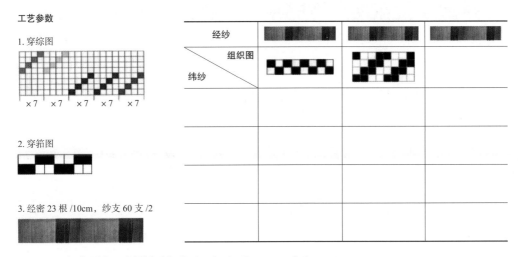

图4-10　织物形态图表设计法架构（三）（王阳，2024年）

的面料（图4-11、图4-12）。

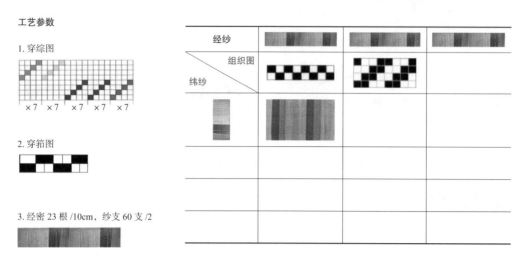

图 4-11　织物形态图表设计法架构（四）（王阳，2024 年）

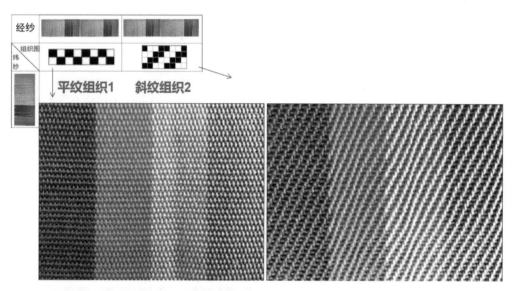

图 4-12　织物细节图（一）（王阳，2024 年）

　　织物形态图表设计法不仅适合完成有逻辑性的系列性设计作品，也能够帮助同学们温习织物组织的理论知识。通过横向列表中不同组织的变化，同学们可以结合织物理论知识，逐一地把它演变成立体的布面效果。不管多么复杂的织物组织，都可以在经纱参数不变的情况下，去尝试和学习，深入了解真实面料的视觉效果。

　　下面继续运用形态图表设计法，以纵向为例，在组织图不变的情况下，变换不同的纬纱。以平纹组织不变为例，变换纵向列表中的纬纱，第一组纬纱是和经纱相同的彩色条形纱，第二组纬纱是一组明黄色的素色纬纱。如图4-13和图4-14所示，形成的两块面料不仅在色彩结构上有变化，在面料的明度上也发生了明显的变化。

通过这几组面料的演示，让读者掌握了非常清晰的一个比较学习法，本书中举的例子是相对比较简单的，以便读者能够掌握这个形态图表设计法。在实际的设计案例中，一块面料的织造和设计要更加复杂，所以在本书后续的案例讲解中，读者应该不断地吸收理解这种方法，通过不断练习，熟练地完成大量的设计任务（图4-15）。

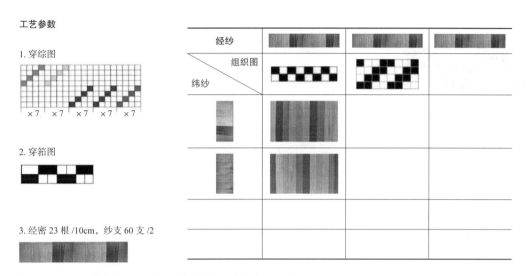

图4-13 织物形态图表设计法架构（五）（王阳，2023年）

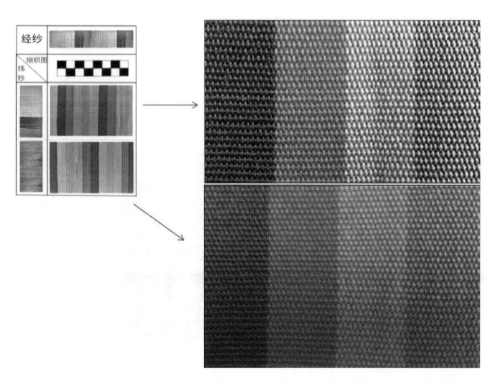

图4-14 织物细节图（二）（王阳，2023年）

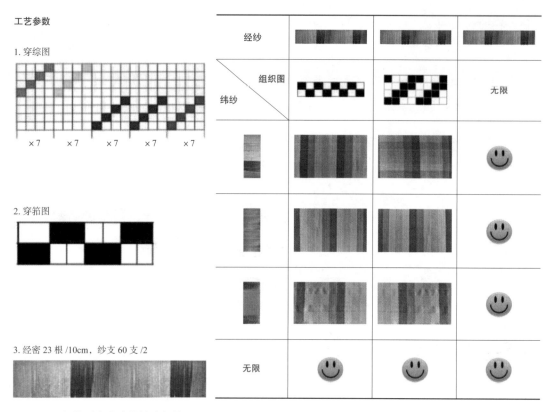

图 4-15　织物形态图表设计法架构（六）（王阳，2023 年）

四、织物机器运行的数字化演示

为使学习者能够深刻地感受织机运行原理，更加清楚地了解经线和纬线交织的过程等，在此通过虚拟仿真的教学视频，让读者更加直观地感受织机的运行，在我们设定了合理的参数后，机器是如何自动打纬，如何根据我们设计的组织图完成提综，以及机器织造过程中各种三维角度的呈现，也让同学们更清晰地理解织机的构造（图4-16）。

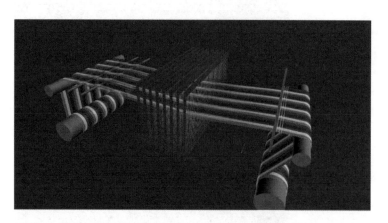

织造过程的
数字化演示

图 4-16　织物机器运行的数字化演示（浙大经纬软件公司提供，2021 年）

第二节　纱线的设计与选择

机织物织造工艺与设计中，纱线的选用是非常重要的环节。在织造工坊中都会有大量的纱线可供选择，纱线的材质不同，色彩不同，线密度不同，捻度不同、弹力不同和功能不同等。设计师根据自己设计灵感来源和设计的方案，以及设计作品最终要实现的效果和市场的应用去选择适合的纱线。除了选用市面上能够购买到的纱线来设计面料以外，还能创造适合自己设计的独一无二的原创纱线。创新织物可以指采用新原料、新技术、新工艺、新设备，也可以指设计出了新花型、新结构、新风格或者新性能等，只要某一方面有创新，即可视为创新产品。产品是企业的命脉，只有不断地推出新产品，企业才能得到长久的发展。在目前纺织行业竞争日益激烈的形势下，纺织品的创新设计受到企业的广泛关注，成功的创新设计，能为企业带来良好的经济效益和社会效益。充分运用新材料、新工艺、新技术和新设备，设计出具有独特风格和性能的纺织产品，是创新设计的基本思想。

从国内外服装流行趋势分析，利用纱线线型来改善面料和服装的外观、品质，仍然是面料开发的主要途径之一。利用不同的纱线线型结构，可以产生不同的面料外观效果，改善面料组合的服用性能，这是在织物设计中使用较多的方法。例如，采用加捻纱线、复合纱线、不同纤维组合纱线，可以使面料形成起皱、闪色、凹凸效应，从而改善面料的立体效果。花式线型的不断推出满足了服装悬垂感、立体视觉、舒适性的要求，圈圈线、竹节纱、金银线、包芯纱、雪尼尔纱等线型，已广泛使用（图4-17）。它们可以增强面料的局部或整体的立体感，风格别致，服用和装饰性提高。纳米技术的应用，对纺织纤维、纱线结构的设计也起到推动作用。新型的纺丝或纺纱技术，可以纺制异型截面、中空、超细、特细、复合纤维，还可以纺制预取向丝和全拉伸丝，另外，还有无捻丝、强捻丝等若干纤维新产品。随着纺纱技术的发展，可以纺制出各种非常规的纱线，如混纺纱、多色纱、彩点纱、粗细节纱、包芯纱、圈圈纱等，也可以利用转杯纺、尘笼纺、涡流纺等新型纺纱技术，纺制出高蓬松度纱、毛羽纱、竹节纱、结子纱等新产品，用于开发各种风格和性能的新产品。本书在第五章用些以各种纱线织造的设计案例来呈现纱线的织造特色。

（a）仿水貂纱　　　　（b）贵妃圈圈纱

图4-17　花式纱线（企业纱线手册，2022年）

一、纱线的设计

夏奈儿（Chanel）时尚奢饰品牌于纽约大都会博物馆发布的2019早秋"巴黎—纽约"高级手工坊系列，设计师老佛爷演绎了古埃及的华丽与奢靡，大都会博物馆的埃及丹铎神庙里，古埃及文明与夏奈儿碰撞交织而诞生了一场大秀（图4-18）。金色调宛如盘接埃及灵韵的尼罗河，将众多神秘瑰丽的图腾融汇进夏奈儿风格体系的图形艺术美学，各种黄金元素，象征了"艳后"的尊贵与神圣（图4-19）。除了运用标志性的斜纹软呢外，牛仔、皮革、薄纱、镭射材质的加入更是让此系列设计呈现出多样风情，而镶嵌珠宝、艺术涂鸦、图腾符号等元素也在其中增添无限光彩。此次面料的设计商是意大利的兰迪蕾设计机构，是一个百年的意大利面料品牌，致力于纤维、织造、整染、设计到终端产品的研究与开发，在面料设计领域代表了时尚

图 4-18　2019 早秋"巴黎—纽约"时装秀（2019）

图 4-19　古埃及灵感来源的设计（2019）

潮流及世界经典水平。其合作的品牌有阿玛尼（Armani）、夏奈儿（Chanel）、迪奥（Diro）和普拉达（Prada）等国际知名品牌。

这些高档、有魅力、有品位、有价值的时尚面料，是如何在设计师手中演绎出来的呢？设计师首先设定了一个自己的灵感来源，引申出了一系列的面料，再制成了成衣，所有面料的供应商来自意大利的兰迪蕾设计机构，面料全部是手工织造。纬纱不是简单地从市场上采购，而是通过设计师不断地二次设计和创新而得来。如图4-20所示的面料中的纬纱就是由三种不同的纬纱重新绞捻而成。

它以一根比较粗的纱线为基础，在这根纱线的外面进行包覆，纱线就会更加别致，也比较容易突出设计效果（图4-21）。作为一个面料设计师，核心技术不仅仅在于织物纹样的设计、纱线的匹配、材料的选择，设计绝对不是简简单单就能形成，一定是由多种细节组合在一起

图 4-20　样卡局部图（王阳，2020）

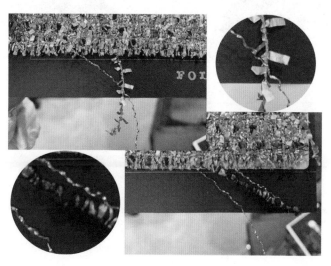

图 4-21　纬纱细节图（王阳，2020 年）

的。设计师们要打开思路，从一根纱线开始去设计，在经过各种参数合理匹配之后，面料不但会非常惊艳，而且拥有别人无法去抄袭或者迅速仿造的"内核"，这就是一个经典的设计所具备的技术含量。

二、纱线的选择

（一）纱线色彩的选择

合理有效地选择纱线，同样是机织物设计的重要环节。灵感来源会以多种形式出现，可以是自然，可以是故事、电影，甚至一首音乐，灵感是随时随地的，需要的就是发现世界和发现美的眼睛。如果设计一款面料，灵感来源就是每天享受美味的学生食堂。那么该怎么做呢？可以用图片收集法，提取色彩，眯起眼睛去整合我们看到的色彩，再把它信息化、数据化。

当设计者锁定了灵感来源之后，首先要弱化实际景象或者物品的色彩，要用归纳整理的训练虚化你的色彩，屏蔽掉很多小的色彩因素，它不再被视觉所见的色彩所干扰，可以试图眯起眼睛来观察。设计师们也可以通过一些色彩归类的软件来辅助设计，但要有主观的筛选、判断、归纳和整理的能力（图4-22）。

图4-22　场景示范图（王阳，2020年）

通过已经虚化的色彩，进行色彩设计分化，归纳整理成色块。机织物的织造会有色彩的限制，如经纱能够选取几种色彩的纱线，纬纱能够选取几种色彩的纱线，这是要根据设计的需求和匹配的织造设备来提前设计的。工业化的机织物设计不能像绘画一样，选用不限数量的纱线，一两百种那是不现实的。常规的设计方案和可选择的机型中可能需要设计师把色彩数量压缩到10组、5组，甚至更少，那么纱线的色彩提取这个环节就非常重要。根据色彩分布、比例多少、冷暖对比，结合一系列的色彩理论知识，梳理出来作品的主体颜色（图4-23）。

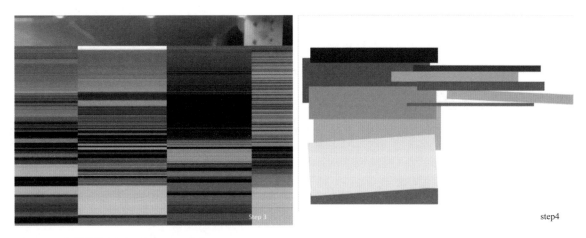

图 4-23　色彩提取图（王阳，2023 年）

（二）纱线材质的选择

如何在提取了基础的色彩之后选择纱线，也是一个比较重要的设计环节，直接关系到后期面料的设计效果。纱线的选择不局限于整理出来的数码颜色，因为纱线有独特的表现语言，又有质感、肌理、色泽等一系列的材料特性。所以结合多种因素，可以有很多种选择去尝试。机织物设计中纱线的运用是非常重要的，如何巧妙地运用材料、设计材料、创造材料、发现材料都是设计师需要具备的能力。不同材料的碰撞能产生意想不到的效果（图 4-24）。

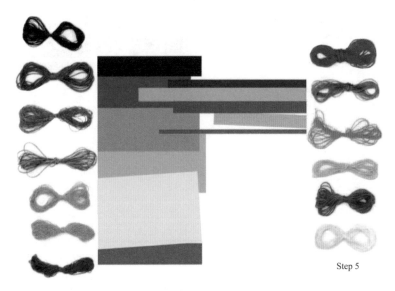

图 4-24　经纬纱线色彩样卡（王阳，2023 年）

经纱的选择要尽量满足系列性作品的中性色调，尤其在教学实践中，经纱经过整经后在织造过程中，不方便频繁去重新整理经轴和穿经线，因此，在很多学生共用一台机器织造的时候，尽量让学生选择包容性较强的色彩和经线排序方式。而纬纱就可以有很大的选择空间和搭配余地。所以在整经轴之前，可以用缠绕纱线的训练方式模拟面料的织造效果，以便于设计师储备一定量的材料来源版。把所选择出来的纱线进行实物的模拟，这不用很大，如图4-25中这样的一个框就足够了，以便设计师在后期的设计过程中依然记得自己的初衷，这样就形成了系列作品的纱线灵感来源之一。纱线的材料要进行一个精致的、全面的筛选，也要通过织造的样品来决定是否符合设计的主题。除了常规的纱线以外，很多花式纱也是不错的选择，可丰富面料的质感和表现力。

图4-25　纱线色彩样卡（王阳，2023年）

第五章

机织物创新设计案例

本章的主要目的是给机织物设计师和同学们提供一些面料的视觉效果，同时配以基本的织造参数。大部分面料是使用通源纺机有限公司的半自动多臂教学织机完成，最多的机器综片数为24片综。在织造工作之前，需要提前完成预设，如纱线材质、织物组织、整体设计作品的色彩和色调以及各颜色之间的比例关系、单一颜色的经纱或者条纹经纱等，同时也要考虑最终想实现的作品效果，是强调突出面料的肌理、颜色还是面料原创性的特质。作为初学者，要大量地试织，积累足够的织物设计、色彩搭配及材料把控等经验，以便后期顺利适应纺织工业的设计和生产需求。

花式纱线是通过各种加工方法而获得的具有特殊外观、手感、结构和质地的纱线，本章的设计案例大量使用了不同种类的花式纱线，其中包含不同的色彩、材质、结构等丰富多彩的外观视觉效果，体现织物表面的凹凸、光泽、色彩变化，如结子花呢、珠圈女衣呢、七彩绒呢等。花式纱线技术日趋成熟，在市场上品种繁多，在织物组织的运用过程中，表现效果丰富，广泛应用于服装面料的生产和制造。

下面所列举的实际案例，充分体现了各类设计材料的应用，设计参数和织物纹样的配合，以及合理的配色等，使织物表面形成条、格、点、色等外观设计效果，运用各类纱线搭配形成多变的设计效果；运用经纱或纬纱不同排列的变化形成独特的面料外观；运用不同的织物组织与纱线的巧妙结合形成合适的搭配效果。下面的所有原创织物设计作品，展示了设计者们多元的创造性。作品的设计灵感来源不拘泥于一种形式，内容丰富多样，承载着中国优秀文化的内涵，符合现代年轻人积极向上、热爱生活的人生观。年轻设计师们大胆地发挥想象力，勇于尝试各种可能性，将技术、艺术、审美、功能完美地结合。

1. 作品名称：抹茶芋泥麻薯

设计说明：设计中用了一个台湾话中的"麻吉"，就是我们所说的麻薯，糯白色的，加上清新的抹茶色，是女孩子们最爱的饮品，搭配上纹样更是一块"糯叽叽"的纺织面料（图5-1）。

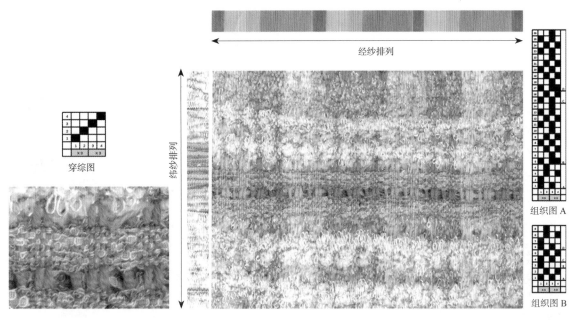

图5-1 抹茶芋泥麻薯（李心恬）

2. 作品名称：仲夏夜之梦

设计说明：紫色绒绒纱线的材质给人以紫色夜的梦幻感，加上特殊的棉球线和微微的闪光，更加充满了梦幻的感觉，纹样也有一定的变幻，美丽又简洁（图5-2）。

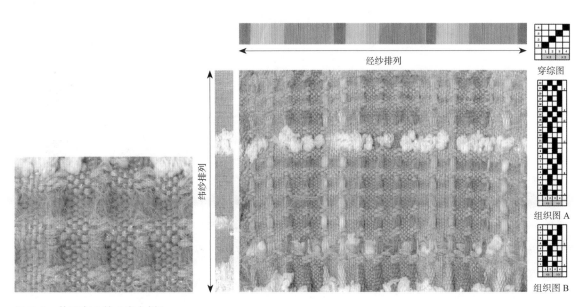

图5-2 仲夏夜之梦（李心恬）

3. 作品名称：日光

设计说明：白色、闪色表达清灵美感，醒在梦境上，梦在清晨上，晨在川流上，流在船岛下，表现林中小溪，在日光下的波光粼粼，是自然赋予的礼物（图5-3）。

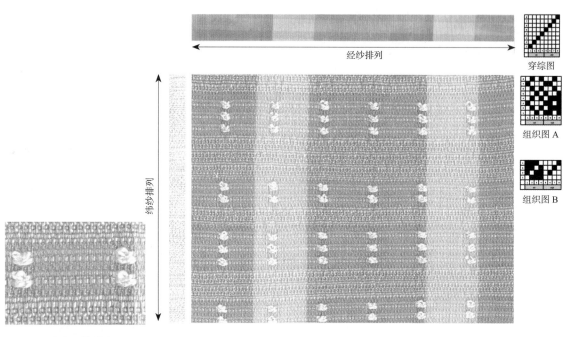

图5-3 日光（符佳奕）

4. 作品名称：静谧·蓝

设计说明：灵感来自《千里江山图》，用经线段染的工艺来营造写意江山，用渐变形式来打纬，由浓至淡，由深至浅，是季节的更迭，是心境的流露，从"蓝"中流出一些静谧的悠长岁月（图5-4）。

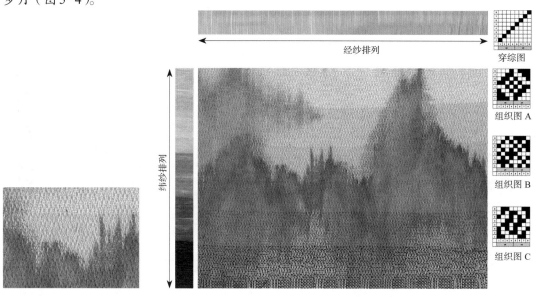

图5-4 静谧·蓝（王榕）

5. 作品名称：**青绿千载**

设计说明：清风悠悠，白云袅袅，山色苍茫玉树在，只留青绿落人间。峰峦起伏绵延，江河烟波浩渺，青绿千载，只此一卷。以《千里江山图》为灵感，用染经的方式来渲染青绿氛围，青山依旧，时光无限（图5-5）。

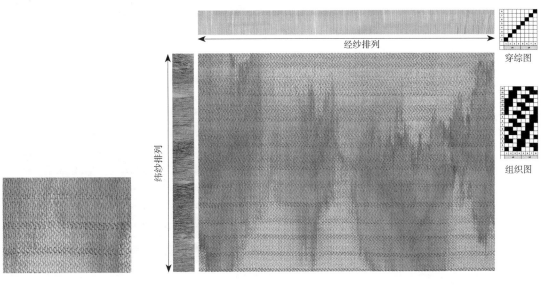

图5-5　青绿千载（王榕）

6. 作品名称：**斑斓**

设计说明：极光和繁星，驾着彗尾，在寂静和苍穹之下，只剩斑斓的色彩。极光不断变化，视觉捕捉，加速播放，看起来像彩色的丝带被风吹拂，荡漾在夜空！揽满天星辰，拥宇宙浪漫，爱繁星璀璨（图5-6）。

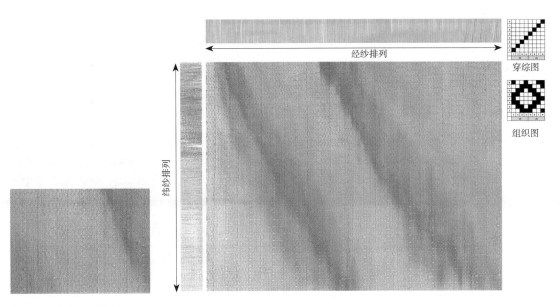

图5-6　斑斓（王榕）

7. 作品名称：条纹森林 1

设计说明：走进大森林，那里绿树浓荫，一棵棵银杏树穿上金黄色的袍子，一串串圆溜溜挂满树枝的小灯笼。抬头仰望，参天的青松，苍劲挺拔，望着傲然青松，敬意油然而生（图5-7）。

综片数：8

筘号 × 穿入数：40×2

下机经密 × 下机纬密：200×110

经纱排列：56B 32A 16B 64C 16A 80B 32A 16B 64C 16A 56B

纬纱排列：15A 5B 2C 5F 1E 5A 2D 8A 10C 10B 10C 15A

纱样经纱	样纱 / 成分	纱样纬纱	样纱 / 成分
A		1	
B		2	
C		3	
D		4	
E		5	
F		6	

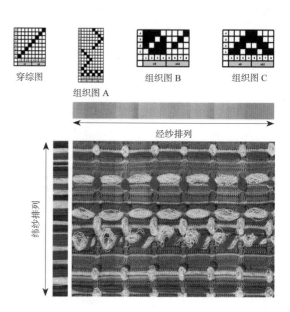

图 5-7　条纹森林 1（周米雪）

8. 作品名称：条纹森林 2

设计说明：原始森林里的大树藤条相互缠绕，如同罩上了层层叠叠的大网，也极似暗绿色的海底，一丝阳光也射不进来。森林里一顶挨着一顶的树冠，金灿灿的果实诱人十分（图5-8）。

综片数：8

筘号 × 穿入数：40×2

下机经密 × 下机纬密：200×110

经纱排列：56B 32A 16B 64C 16A 80B 32A 16B 64C 16A 56B

纬纱排列：10A 2B 10A 5CDE 10A 3F 10A 20F 2A 2G 10F 3A 2CDE 2A 5F 2A 10F

纱样经纱	样纱 / 成分	纱样纬纱	样纱 / 成分
A		1	
B		2	
C		3	
D		4	
E		5	
F		6	
G		7	

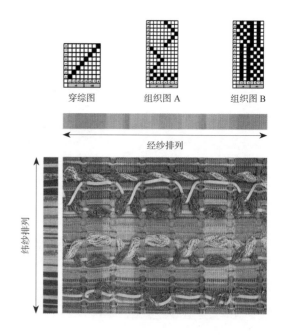

图 5-8　条纹森林 2（周米雪）

9. 作品名称：极光

设计说明：太阳带电粒子流进入地球磁场，在地球南北两极附近的夜间高空散发独特的光辉，是绚丽，是转瞬即逝。通过染经的工艺来营造极光的色彩。恒星穿过漫长的亿万光年与极光相遇，就像我们穿过万里之遥遇到彼此（图5-9）。

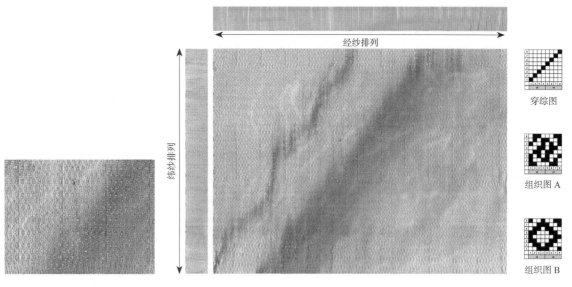

图5-9　极光（王榕）

10. 作品名称：野草奇旅

设计说明：运用彩色皮条为纬纱进行手工织造。灵感来源于雨后草坪，有它的颜色也有它的质感，是满头芳华随风而落下的淡淡洗礼，浸润又美好，粉色是草坪上随风而落的散花，一切在雨后的草坪（图5-10）。

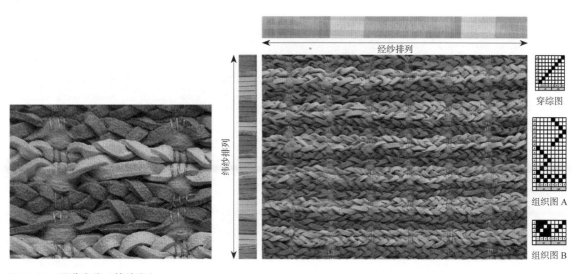

图5-10　野草奇旅（符佳奕）

11. 作品名称：春日来信

设计说明：春日来信，四处变成春的痕迹，万物复苏，粉黄渐变，夹杂着春天的温暖，像春天的花园，应了一句"春来无事，只为花忙"（图5-11）。

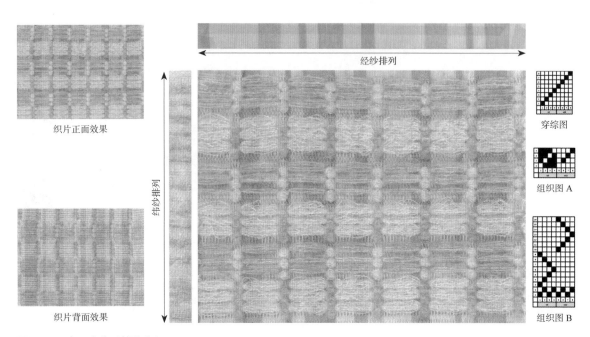

图5-11　春日来信（符佳奕）

12. 作品名称：橙色日落

设计说明：灵感来自落日的渐变色，落日的傍晚，天边是绚烂的橘红，满载着黄昏的温柔，天边火红的云霞，秋日桂花味的风，夕阳绚烂热烈，生命亦然（图5-12）。

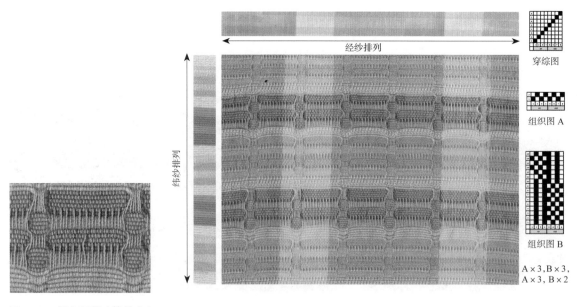

图5-12　橙色日落（符佳奕）

13.作品名称：梵·花

设计说明：远处蜿蜒曲折的褐色线条是变了色的河流，近处流水潺潺，上面还有落花，落花流水春去也，天上人间，经线与纬线的交织，产生了独一无二的视觉盛宴（图5-13）。

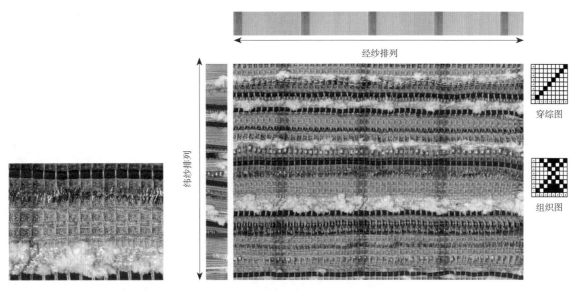

图5-13　梵·花（汪庭羽）

14.作品名称：荷田泛轻舟

设计说明：太阳正被薄云缠绕着，放出淡淡的白光。林中听蝉鸣，池畔赏荷色，湖上泛轻舟。放眼满荷田里，一簇簇荷花有的带着水珠乍开，偶尔闪烁着金光的露珠，映上了荷花的颜色，像少女含羞饱满的面颊（图5-14）。

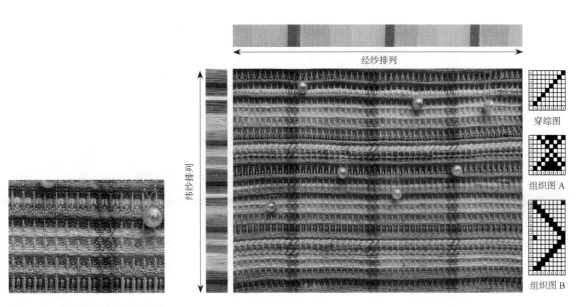

图5-14　荷田泛轻舟（程思思）

15. 作品名称：朝云出岫

设计说明：将彩色珠子作为装饰穿在纬线中形成一根新的纬纱。彩云在不断地变化，一会儿好像蓝宝石，一会儿又仿佛变成珍珠、彩玉，瑰丽无比的朝霞，变化莫测。太阳还未露出地平线，东方呈淡粉色，就像一把粉红的羽绒扇面（图5-15）。

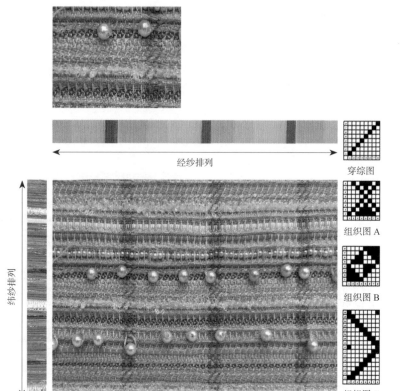

穿综图

组织图A

组织图B

组织图C

图5-15　朝云出岫（程思思）

16. 作品名称：落日与窗

设计说明：运用双层组织展现出正反不同效果的设计面料。当落日余晖透过窗户，暖黄的光将阴影分隔成两个世界。太阳逐渐下落，光线慢慢迁移，从楼宇间划过，从一扇扇窗前消失，点起灯吧，城市的白昼将要开始了（图5-16）。

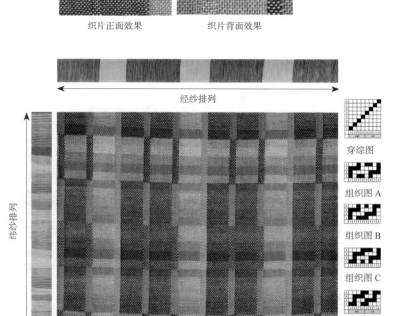

织片正面效果　　织片背面效果

经纱排列

穿综图

组织图A

组织图B

组织图C

组织图D

图5-16　落日与窗（刘奕欣）

17. 作品名称：春日映画

设计说明：当落日余晖透过窗户，暖黄的光将阴影分隔成两个世界。太阳逐渐下落，光线慢慢迁移，从楼宇间划过，从一扇扇窗前消失，点起灯吧，城市的白昼将要开始了（图5-17）。

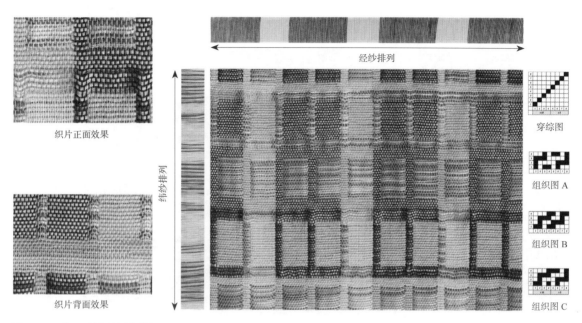

图 5-17　春日映画（刘奕欣）

18. 作品名称：彩虹隧道突破

设计说明：在游乐场从彩虹滑道内冲刺而下时，阳光透过彩色的外壳照在身上，快速下落的同时，经历黑暗与彩虹色光不断交替的奇妙感受（图5-18）。

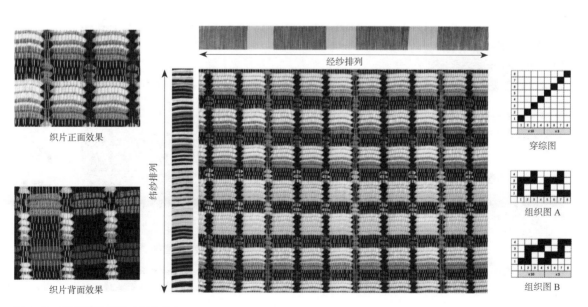

图 5-18　彩虹隧道突破（刘奕欣）

19. 作品名称：漫野

设计说明：新芽与花苞，生命与绽放是花田的色彩。奔跑在花海中，看着五彩的风景飞速向后退去，终于理解到：假如你热爱着生命，即使没有滤镜或修辞，也能感受到自然的美，还有这芬芳的一切（图5-19）。

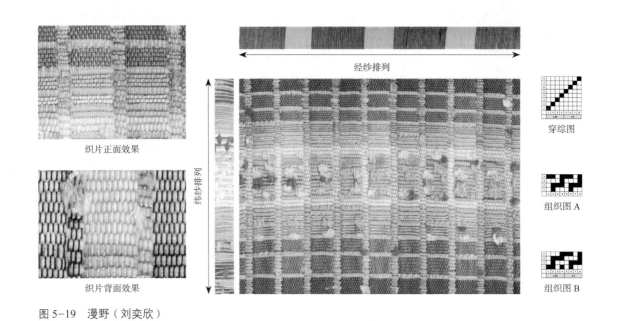

图 5-19　漫野（刘奕欣）

20. 作品名称：404 Not Found

设计说明：灵感来源于网页错误的404窗口，用规则的网格加上随机的色彩制造出规则中的丰富变化，大量的不同方形重叠，也让人联想到故障风画面（图5-20）。

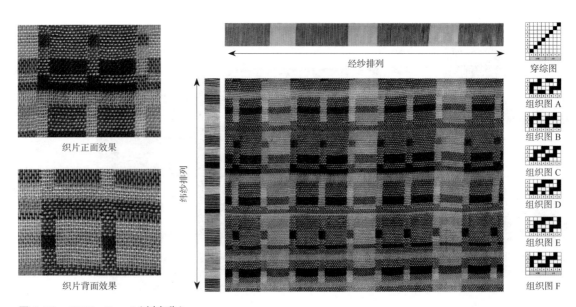

图 5-20　404 Not Found（刘奕欣）

21. 作品名称：浮光跃金

设计说明：光照在波动的水面会形成非常微妙的变化。水光潋滟间光线忽明忽暗，就像有光点在跃动一般，闪闪发亮（图5-21）。

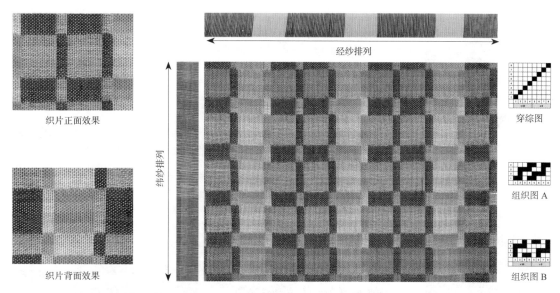

图 5-21　浮光跃金（刘奕欣）

22. 作品名称：翠隐山岚

设计说明：灵感来源于翠鸟的羽毛，鲜艳夺目，闪烁着璀璨的光华。当翠鸟高速飞行时，在森林里便只见微光，隐在雾里，如同散落的光点。明亮的橙色和青黛，是山林中的精灵，水面上的舞者（图5-22）。

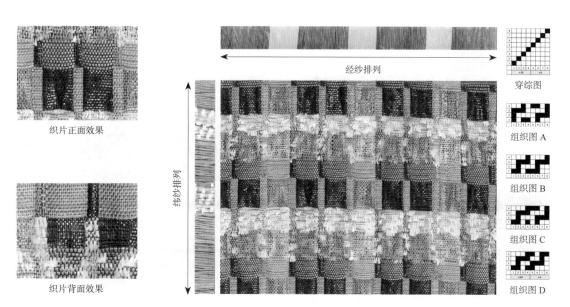

图 5-22　翠隐山岚（刘奕欣）

23. 作品名称：川流

设计说明：不论白天黑夜，城市的夜空总会被车流的灯光点亮。川流的光芒组成不夜城的一部分，也是连接昼夜变化的桥梁。使用黑白纬线渐变表现时间的推移变化，镭射条时隐时现，贯穿始终，表现光芒的永不消逝（图5-23）。

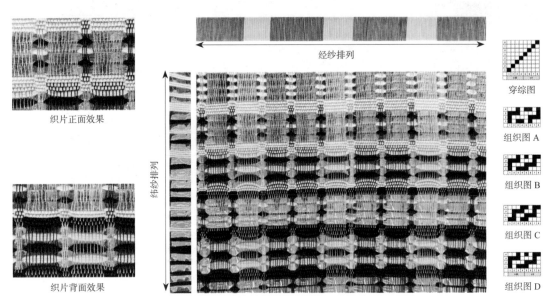

图 5-23　川流（刘奕欣）

24. 作品名称：前夜

设计说明：黎明的前夜，总是格外难熬。楼宇窗里透出的灯光，显示着有人通宵达旦地辛苦劳作。设计的小方块与窗户的结构和造型相呼应（图5-24）。

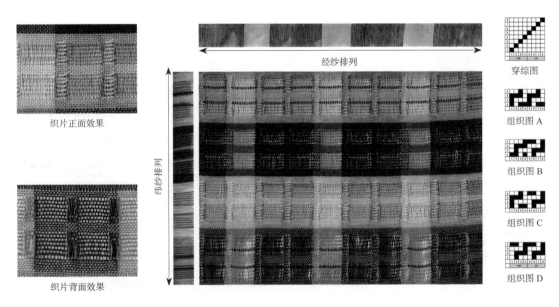

图 5-24　前夜（刘奕欣）

25. 作品名称：纸牌屋

设计说明："世界并不一定非黑非白，而是一道精致的灰"，黑白的界限并不明确，正如纸牌背面，到底是白底黑纹，还是黑底白纹呢，值得思考（图5-25）。

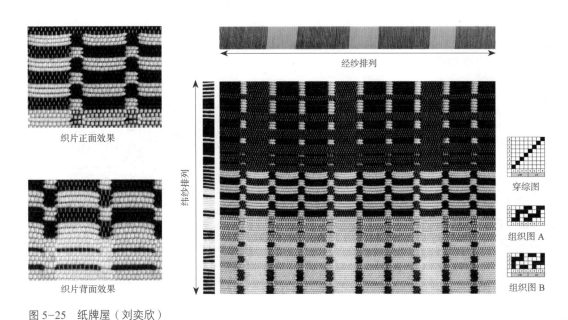

织片正面效果

织片背面效果

经纱排列

纬纱排列

穿综图

组织图A

组织图B

图5-25　纸牌屋（刘奕欣）

26. 作品名称：紫云里的月光

设计说明：厚重的暗紫色的云，沉寂而压抑，当云层被光束穿透，一束束的光从缝隙中冲出。该织物作品希望展现月光从云层里刺出的感觉，两种紫色交织出云层的厚重，两种淡色的黄像是光在云中穿梭（图5-26）。

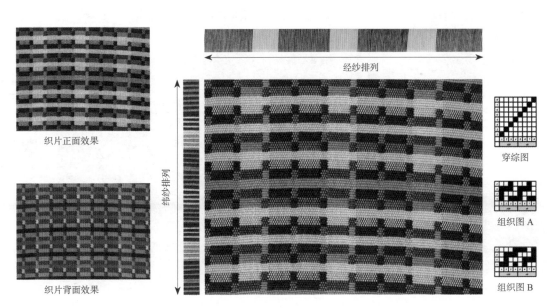

织片正面效果

织片背面效果

经纱排列

纬纱排列

穿综图

组织图A

组织图B

图5-26　紫云里的月光（刘斌）

27. 作品名称：画家的精神世界

设计说明：画家的精神世界里呈现各种颜色，它们流动交错，或许在某一瞬间交汇成美好的画卷，犹如大师笔下的经典艺术创作（图5-27）。

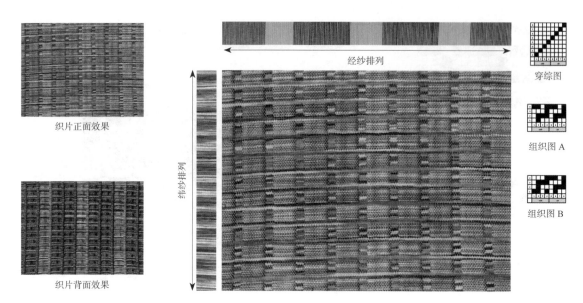

图 5-27　画家的精神世界（刘斌）

28. 作品名称：雨后的美好

设计说明：干净而又深沉的蓝色天空，其中跨着彩虹，体现出雨后的美好。我用钴蓝色的线交织出干净深沉的天空，彩色的线便是其中的虹（图5-28）。

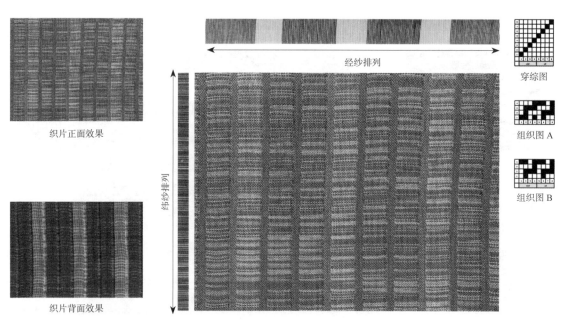

图 5-28　雨后的美好（刘斌）

29. 作品名称：普罗旺斯

设计说明：傍晚的余晖洒在薰衣草田里，闪耀出清甜的紫色。普罗旺斯毗邻地中海，是蔚蓝色的海岸，薰衣草的故乡。蔚蓝，余晖，薰衣草构成了面料的配色（图5-29）。

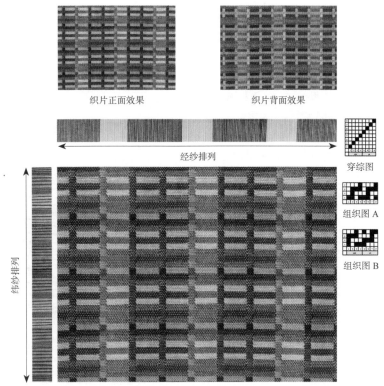

图 5-29 普罗旺斯（刘斌）

30. 作品名称：真影旧事

设计说明：紫罗兰和紫灰的配色来源于国产热门网络IP形象雷电·真与雷电·影两个角色，从她们身上的服装、配饰中获取灵感（图5-30）。

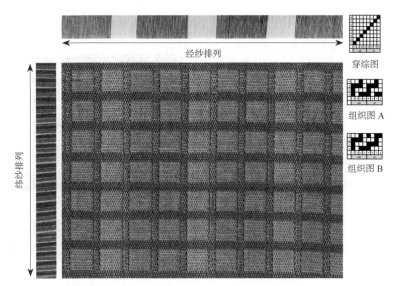

图 5-30 真影旧事（刘斌）

31. 作品名称：塑料大棚布

设计说明：红、蓝、白的配色灵感来源于乡村人家在宴请时常常用的塑料大棚布。面料的设计旨在采用童年记忆里的经典颜色（图5-31）。

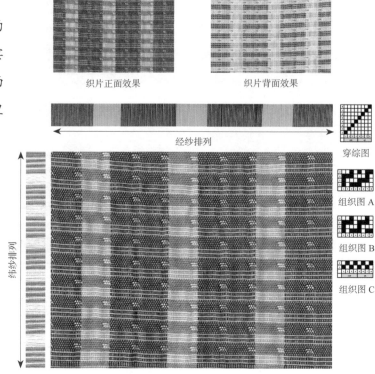

织片正面效果　　　　　织片背面效果

经纱排列

纬纱排列

穿综图

组织图A

组织图B

组织图C

图5-31　塑料大棚布（刘斌）

32. 作品名称：蜘蛛侠的新制战衣

设计说明：红、蓝是漫威英雄角色蜘蛛侠的经典配色，选择这种经典的配色，结合所用的组织，为蜘蛛侠的新制战衣编造面料（图5-32）。

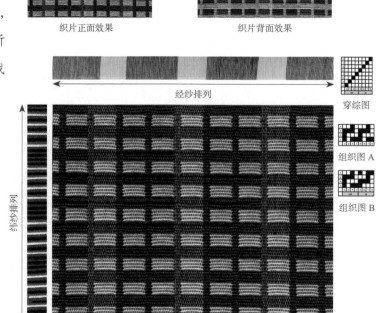

织片正面效果　　　　　织片背面效果

经纱排列

纬纱排列

穿综图

组织图A

组织图B

图5-32　蜘蛛侠的新制战衣（刘斌）

33. 作品名称：美国队长的新制战衣

设计说明：红蓝是漫威英雄角色美国队长的经典配色，选择这种经典的配色，为美国队长的新制战衣编造面料（图5-33）。

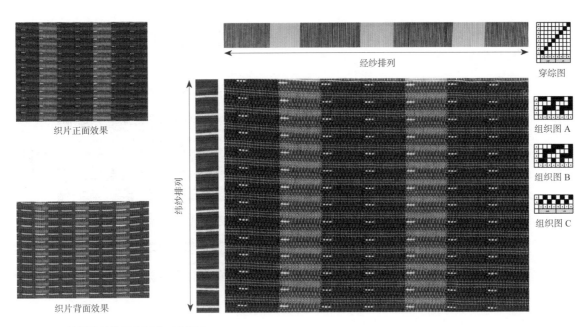

图 5-33　美国队长的新制战衣（刘斌）

34. 作品名称：黑羽鸣镝

设计说明：配色来源于国产热门网络IP角色九条裟罗的角色，塑造灵感来源于鸦天狗。面料配色借鉴了九条裟罗和鸦天狗的服装配色（图5-34）。

图 5-34　黑羽鸣镝（刘斌）

35. 作品名称：窗外·光

设计说明：黑色的格纹框像是黑色窗，中间的白色像是窗外的光，光之中有很多多彩的亮点，那便是外面世界里不同的风景（图5-35）。

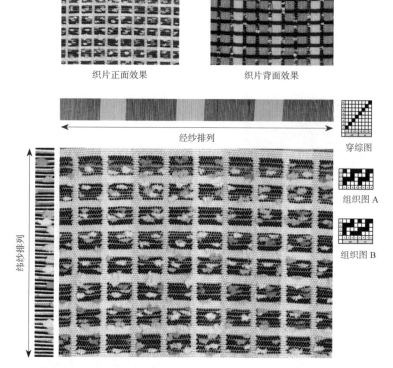

织片正面效果　织片背面效果

经纱排列

穿综图

组织图A

组织图B

纬纱排列

图 5-35　窗外·光（刘斌）

36. 作品名称：无与伦比的丹霞 1

设计说明：满天霞彩倒映于一湾碧水中，那水也灵动飘逸起来，清清浅浅的涟漪，变幻的游移的云影，碧波生烟，云逸清涟，恍如一幅变幻多姿的水墨丹青，沉醉在水云间，融入画中，忘了今夕何夕，遗失了凡尘的纷扰（图5-36）。

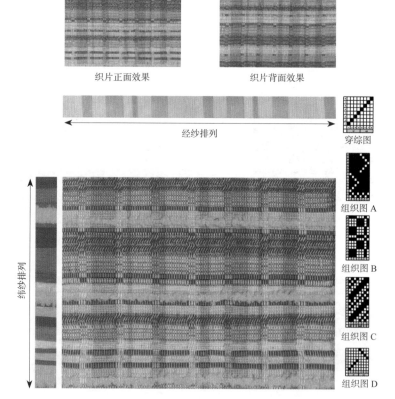

织片正面效果　织片背面效果

经纱排列

穿综图

组织图A

组织图B

组织图C

组织图D

纬纱排列

图 5-36　无与伦比的丹霞 1（周米雪）

37. 作品名称：无与伦比的丹霞2

设计说明：无数精巧的山石隆起，层层重叠，一重红晕里覆盖着一重红影，犹如一场梦，令人赞叹。那无边无际的壮丽景色，汇集了千姿百态的山水地貌（图5-37）。

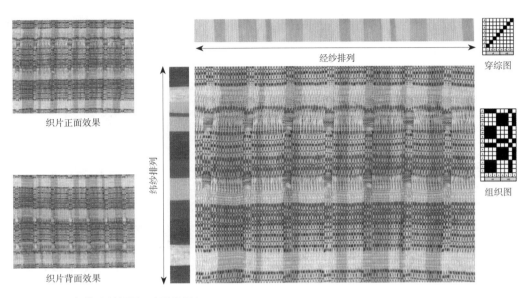

图5-37　无与伦比的丹霞2（周米雪）

38. 作品名称：经幡意

设计说明：灵感来源于藏地的彩色经幡。一般由五种颜色组成，红、黄、白、绿、蓝，五种颜色带来丰富视觉体验，加上其蕴藏的含义，很多人都喜欢且欣赏经幡。经幡的每一次飘动，都是对世界的一次祝福，传达平安喜乐寓意（图5-38）。

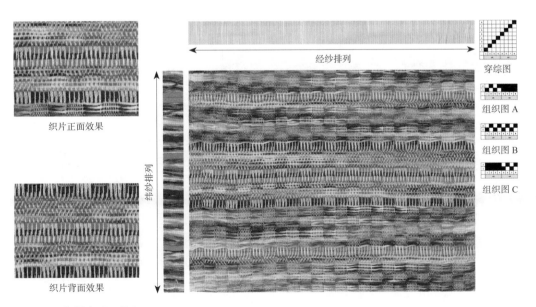

图5-38　经幡意（王榕）

39. 作品名称：普罗奇达

设计说明：以隐匿于意大利南部的小镇普罗奇达为灵感来源，糖果色系的房屋，地中海的蓝，相互交映，色彩丰富且梦幻，宁静且安适（图5-39）。

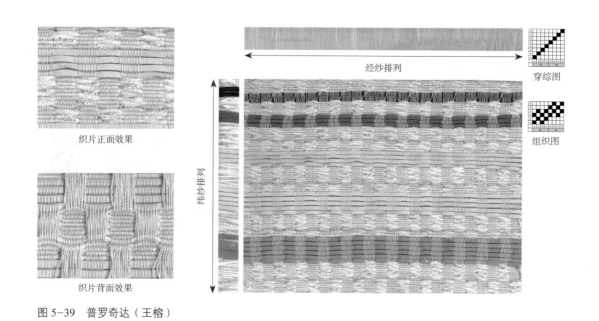

图 5-39　普罗奇达（王榕）

40. 作品名称：巴特罗之家

设计说明：灵感来源于安东尼·高迪的建筑，巴特罗之家是安东尼·高迪于1904～1906年改造的被认为是高迪将魔幻主义纳入实质性结构体系的第一个成熟作品，以浪漫幻想使塑形的艺术形式渗透到三维建筑空间中。通过色彩搭配和组织设计，打造布艺上的梦幻（图5-40）。

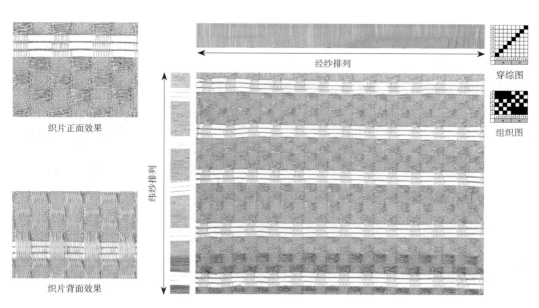

图 5-40　巴特罗之家（王榕）

41. 作品名称：霞落万山

设计说明：晚霞的余辉染红了在蓝天里游荡的白云，还替它们镶上了亮晶晶的花边，这几块白云一会儿就幻成了玫瑰的晚霞。残阳从西山上斜射过来，万物都笼罩在一片模糊的玫瑰色之中。夕阳映照重峦，霞光倾泻万里（图5-41）。

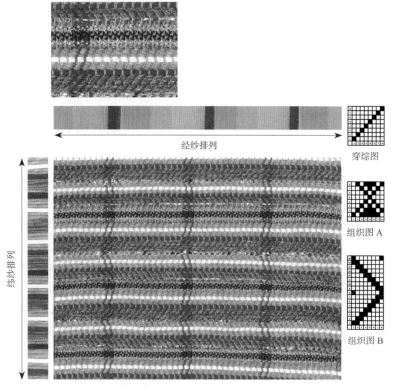

图5-41 霞落万山（程思思）

42. 作品名称：春韵

设计说明：春天的雨是柔和的，只见春雨在竹枝竹叶上跳动着。雨滴时而直线滑落，时而随风飘洒。柔绵的雨丝织着如烟的春纱，留下如烟如雾如纱如丝的倩影。飞溅的雨花仿佛是琴弦上跳动的音符，奏出优美的旋律（图5-42）。

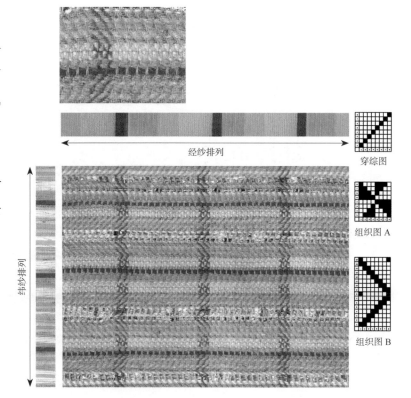

图5-42 春韵（程思思）

43.作品名称：明月晚霞

设计说明：少女总是在期待一场晚霞，像是浸在糖水罐里的粉红，夕阳在沉沉暮霭之下，同时与将来临的黑夜边缘交换了一个温情的吻。透蓝与粉红缠绵交织在一起，这是天空写给少女的一封信，载着余晖，寄给温柔的你（图5-43）。

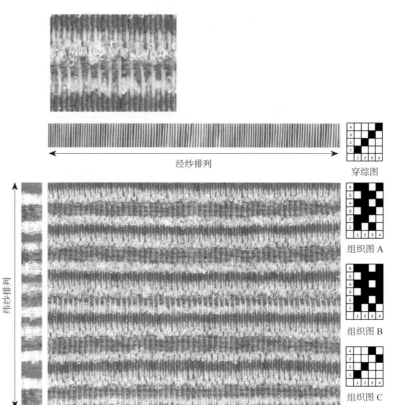

图5-43 明月晚霞（张菁然）

44.作品名称：黄昏海岸

设计说明：仲夏的凉风吹走炙热的焦虑，橙色黄昏拥抱薄荷的黎明。女孩躺在细软的黄昏海滩上，远望着夕阳，这是夏天橘子味的天空（图5-44）。

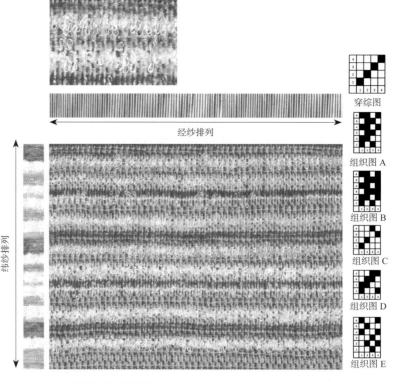

图5-44 黄昏海岸（张菁然）

45. 作品名称：巧克力覆盆子蛋糕

设计说明：这块面料灵感来源是巧克力覆盆子蛋糕，主线颜色是覆盆子的红色，加上巧克力色的混纱线穿插，奶油夹心，入口绵密丝滑（图5-45）。

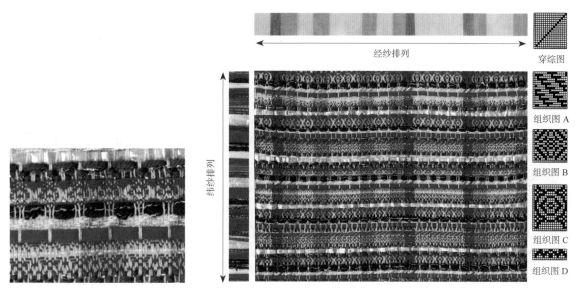

图5-45　巧克力覆盆子蛋糕（孙广晨）

46. 作品名称：抹茶生乳卷

设计说明：微苦的绿色抹茶，甜腻的白色奶油，搭配芝麻夹心的蛋糕卷，清新的颜色外观，扎实的口感，这些是我织造的灵感（图5-46）。

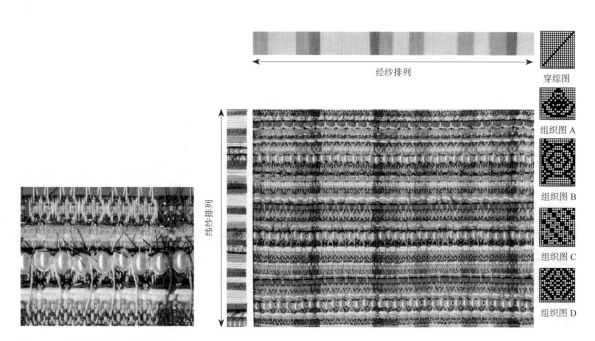

图5-46　抹茶生乳卷（孙广晨）

47. 作品名称：抹茶芒果蛋糕

设计说明：苦涩的抹茶搭配香甜可口的芒果，白色细腻的奶油包裹汁水萦绕口腔，味蕾即刻被取悦（图5-47）。

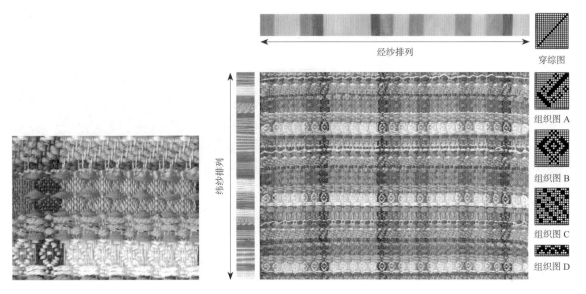

图 5-47　抹茶芒果蛋糕（孙广晨）

48. 作品名称：蓝莓橙子慕斯

设计说明：新鲜的橙子口感轻盈，蓝莓的口感软嫩，橙子的汁水香味与蓝莓的香气甘洌融合。慕斯与糕胚柔软质感荡漾回旋，这是无法用酸甜定义的美好（图5-48）。

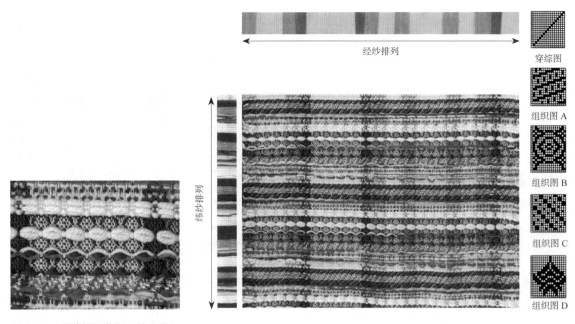

图 5-48　蓝莓橙子慕斯（孙广晨）

49.作品名称：莓果吐司烘糕

设计说明：热情的红蓝莓果，新鲜芬芳，与烘蛋吐司搭配出不同层次的酸与甜。细腻的口感中糅合着烘焙焦黄的吐司片，缤纷有色，在碗里掀起味蕾风暴（图5-49）。

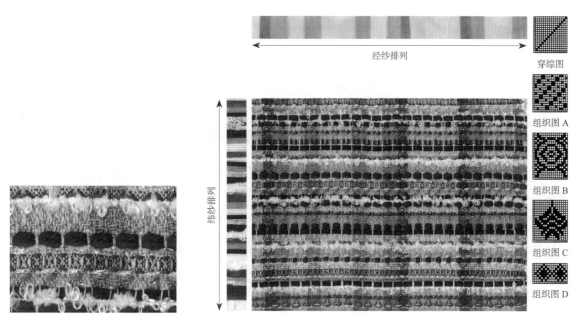

图5-49　莓果吐司烘糕（孙广晨）

50.作品名称：梵音一梦

设计说明：敦，大也；煌，盛也。莫高千窟列明沙，崖壁纷披五色霞，胡杨翠荫阁道外，九层楼接日月华。敦煌莫高窟壁画给人带来浩瀚、波澜壮阔的色彩，正如经纬线交织（图5-50）。

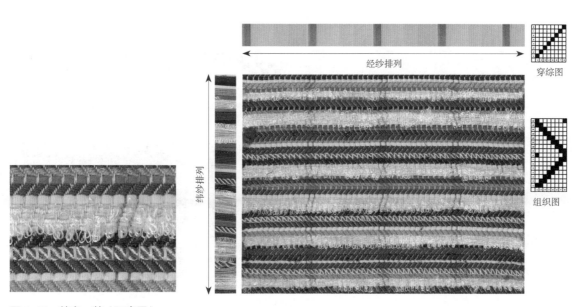

图5-50　梵音一梦（汪庭羽）

51.作品名称：云·锦

设计说明：云海苍苍，江水泱泱，文化之风，山高水长。自古以来，民族文化始终流传在我们之中，繁衍发展，纬线的选取更是民族风特色的体现（图5-51）。

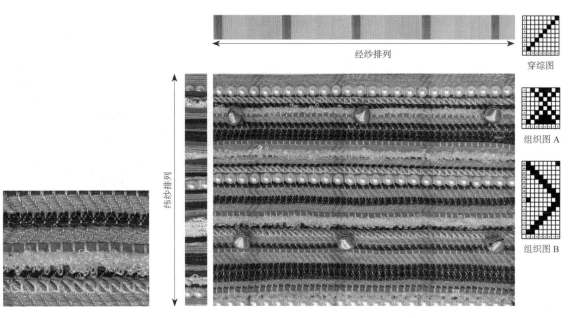

图 5-51　云·锦（汪庭羽）

52.作品名称：迷境

设计说明：梦境中往往不会只有美好的事件发生，通常也会发生一些悲伤、低沉的故事情节，但这些往往能长久地留存于梦者的记忆之中。此作品在整体基调中打造出了一种低沉的氛围（图5-52）。

综片数：4

筘号 × 穿入数：40×1

下机经密 × 下机纬密：80×100

经纱排列：32A 8B 16C 8D 16A 24B 8D

纬纱排列：24A 16B 16C 34A 16C 8B 24A

纱样经纱	样纱/成分	纱样纬纱	样纱/成分
A	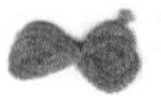	A	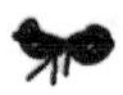
B	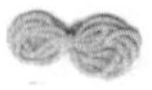	B	
C	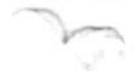	C	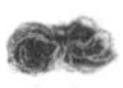
D	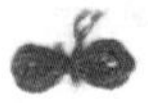	D	

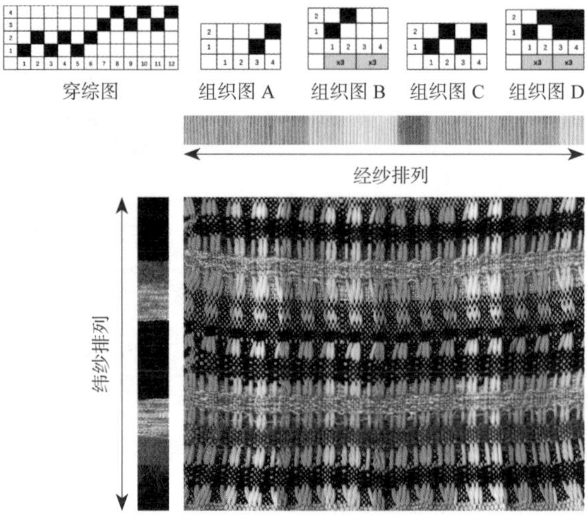

穿综图　组织图A　组织图B　组织图C　组织图D

经纱排列

纬纱排列

图 5-52　迷境（张梦男）

53. 作品名称：迷雾晨露

设计说明：西尔薇的氛围，像是天上的云彩，葡萄藤上的花朵，但他不在言语表达之内，它说不出来，它存在于词语之间，就像香蒂耶的晨雾（图5-53）。

综片数：4			
筘号 × 穿入数：40×1			
下机经密 × 下机纬密：80×160			
经纱排列：32A 8B 16C 8D 16A 24B 8D			
纬纱排列：14A 4B 8C 16B 20A 4B 10C 18B 6A			
纱样经纱	样纱/成分	纱样纬纱	样纱/成分
A		A	
B		B	
C		C	
D		D	

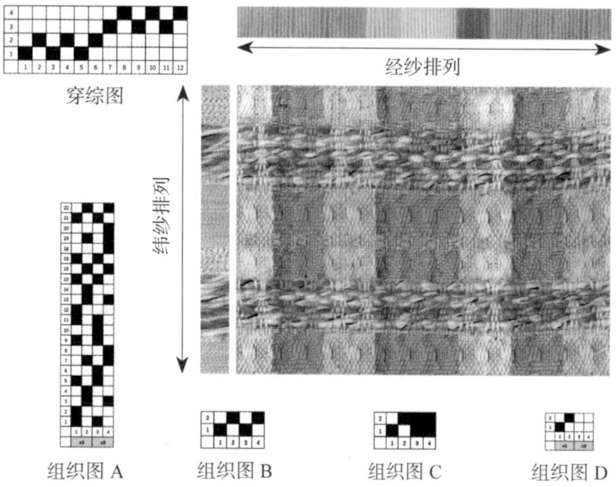

图5-53 迷雾晨露（张梦男）

54. 作品名称：Sweet Dream

设计说明：运用一些柔软的元素及梦幻的配色来呼应系列作品主题的朦胧虚幻感，通过使用不同材质使整体画面更为立体丰富，寻找自然纯粹，让心灵得到释放，向往梦境，同时也被"Sweet Dream"所治愈（图5-54）。

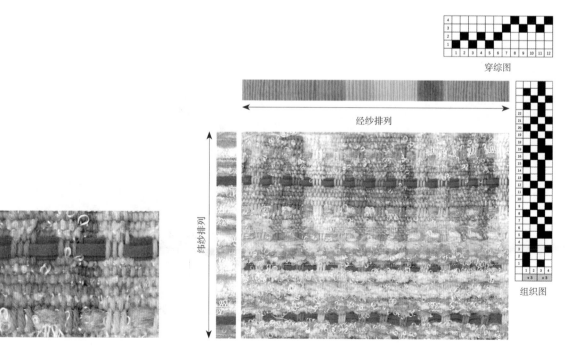

图5-54 Sweet Dream（张梦男）

55. 作品名称：*Inside the Dream*

设计说明：梦是每个人都会经历的，作品想要传达出对于梦境故事情节的"虚实交替"。梦境之内，一切皆为虚幻在内心和外在"之间"（图5-55）。

综片数：4
筘号 × 穿入数：40×1
下机经密 × 下机纬密：80×140
经纱排列：32A 8B 16C 8D 16A 24B 8D
纬纱排列：（4A 2B 3C）× 2 4A 1B 2C 6A 22B 4A 3C 8B 2D 4A 1B 4A 1D 2B 2C（4A 2D 1B 2C）× 3

纱样经纱	样纱/成分	纱样纬纱	样纱/成分
A		A	
B		B	
C		C	
D		D	

穿综图　组织图A　组织图B　组织图C　组织图D

组织图E

经纱排列

纬纱排列

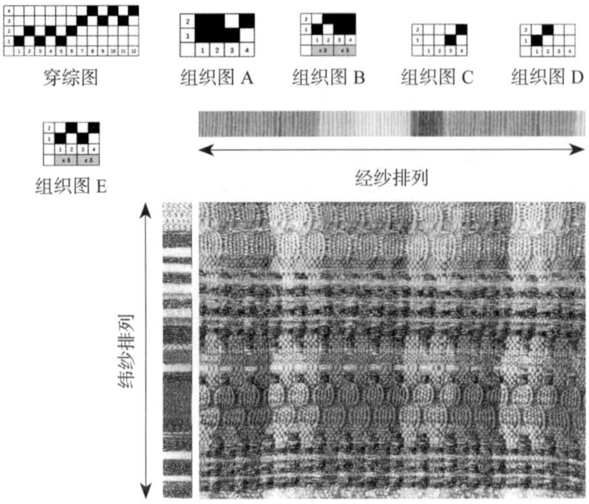

图5-55　*Inside the Dream*（张梦男）

56. 作品名称：盗梦空间

设计说明：整个系列作品以梦境超现实主义为主要灵感来源。梦是人类欲望的替代物，这个作品主要想表达不要被世俗的定义所束缚，不要被条条框框束缚住，像盗梦空间一样不断冲破梦境，在梦境中不断冒险，寻找内心的模样（图5-56）。

综片数：4
筘号 × 穿入数：40×1
下机经密 × 下机纬密：80×110
经纱排列：32A 8B 16C 8D 16A 24B 8D
纬纱排列：20A 12B 30C 20B 12A 16C 20B

纱样经纱	样纱/成分	纱样纬纱	样纱/成分
A		A	
B		B	
C		C	
D		D	

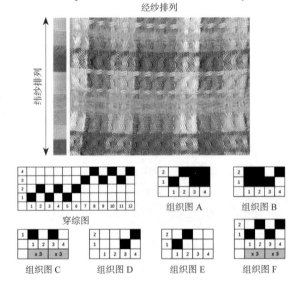

经纱排列

纬纱排列

穿综图

组织图A　组织图B

组织图C　组织图D　组织图E　组织图F

图5-56　盗梦空间（张梦男）

57. 作品名称: 梦境

设计说明: 作品以梦境·幻觉为灵感, 搭配梦幻朦胧的配色, 展示出一种朦胧感和梦境感, 利用低纯度及低明度渲染出整体的意境氛围 (图5-57)。

| 综片数: 4 |
| 筘号 × 穿入数: 40×1 |
| 下机经密 × 下机纬密: 80×110 |
| 经纱排列: 32A 8B 16C 8D 16A 24B 8D |
| 纬纱排列: 10A 6B 16C 4D 4E 5A 16B 20C 6D 4E |

纱样经纱	样纱 / 成分	纱样纬纱	样纱 / 成分
A		A	
B		B	
C		C	
D		D	
E		E	

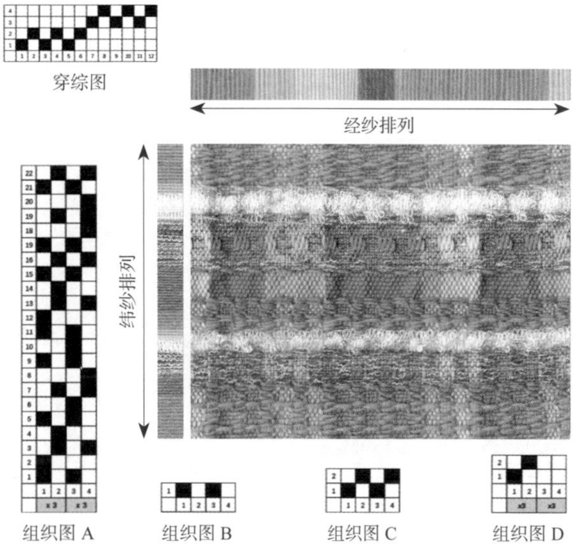

穿综图

经纱排列

纬纱排列

组织图 A   组织图 B   组织图 C   组织图 D

图 5-57　梦境 (张梦男)

58. 作品名称: *Dream and Reality*

设计说明: 梦是一种改装的艺术。在梦里, 抽象、荒诞、虚无、扭曲, 什么都可以实现。弗洛伊德提出:"梦的内容是由于意愿的形成, 其目的在于满足。"作品中描绘了作者对于梦境与现实的解读 (图5-58)。

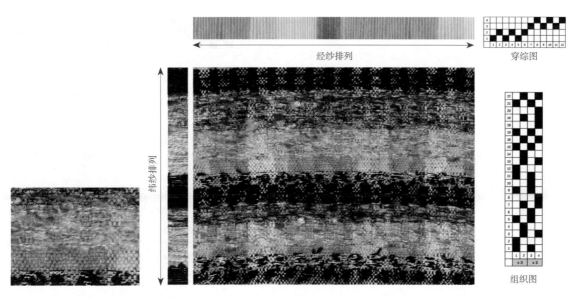

经纱排列

穿综图

纬纱排列

组织图

图 5-58　*Dream and Reality* (张梦男)

59. 作品名称：梦境·现实

设计说明：该作品展示出一种过于现实化的梦境，不符合大多数人对于梦境的构思，认为梦境就一定是童话般的设定，一定要带着梦幻色彩。这个作品利用自然的大地色系，好似泥土深处拔出的色彩，沉稳低调又显露出高级（图5-59）。

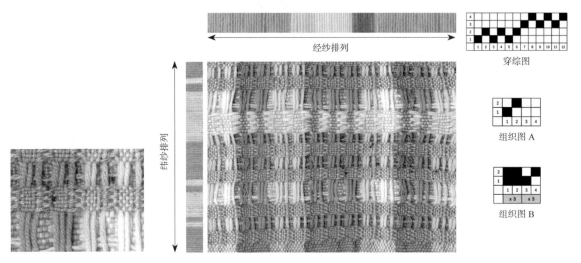

图 5-59　梦境·现实（张梦男）

60. 作品名称：梦境·悬浮

设计说明：这个作品想要呈现出一种超现实但又柔和的感觉，让几种元素相互融合但又毫不违和地呈现在画面中，打破日常枷锁，悬浮其中，让人对未来拥有无限期待，在梦境中实现自由想象，抛弃规则，摒弃约束（图5-60）。

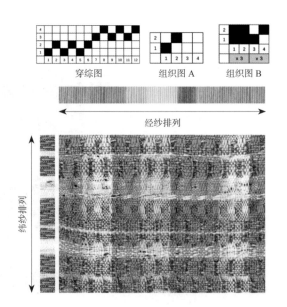

综片数：4			
筘号 × 穿入数：40 × 1			
下机经密 × 下机纬密：80 × 70			
经纱排列：32A 8B 16C 8D 16A 24B 8D			
纬纱排列：14A 1B 1C 6A 2B 6A 1C 6A 3B			
纱样经纱	样纱/成分	纱样纬纱	样纱/成分
A		A	
B		B	
C		C	
D		D	

图 5-60　梦境·悬浮（张梦男）

61. 作品名称：*Dreamslands*

设计说明：通过使用熟悉的蓝白配色，为人们织起一片幻想中的世界。整体基调既统一又存在变化，是一种现实与幻想的复杂混合形式，将梦的记忆与现实记忆相互交织，通过概念化的形式表达出来（图5-61）。

综片数：4

筘号 × 穿入数：40 × 1

下机经密 × 下机纬密：80 × 70

经纱排列：32A 8B 16C 8D 16A 24B 8D

纬纱排列：6A 4B 12A 8B 6A 2B 20A 16B 10A 4B 10A

纱样经纱	样纱 / 成分	纱样纬纱	样纱 / 成分
A		A	
B		B	
C		C	
D		D	

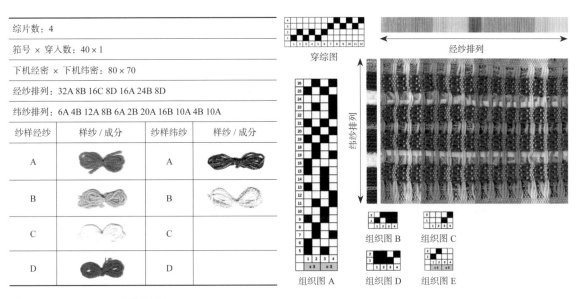

图 5-61　*Dreamslands*（张梦男）

62. 作品名称：银河世界

设计说明：揉碎一片星光，藏入少女的梦中，沉沦在这星火斑斓里，山野千里，星河入海。时间会让我们彼此重叠，生生不息，这是自然赠予的宇宙级浪漫（图5-62）。

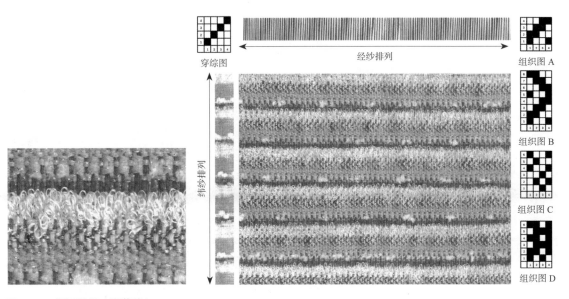

图 5-62　银河世界（张菁然）

63. 作品名称：丁香花园

设计说明：一阵春雨后，丁香花苞偷偷钻了出来，接下来是无穷无尽地开花、生长。满园都是丁香花的海洋，淡雅而不失青春活力的丁香花味伴着春风，飘向每一个人的心里（图5-63）。

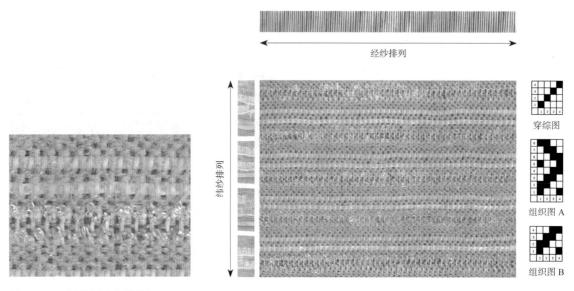

图5-63　丁香花园（张菁然）

64. 作品名称：棉花糖

设计说明：少女在梦境中采下一朵绵绵的白云，既像棉像花又像糖，于是微风里也轻拂着棉花糖的香甜（图5-64）。

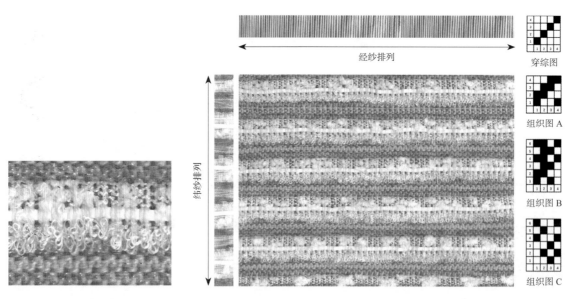

图5-64　棉花糖（张菁然）

65. 作品名称：玫瑰银河

设计说明：少女手捧玫瑰，感叹玫瑰的盛开，这是世间最美好的玫瑰，星辰为泥，银河滋养，永不枯萎，永远在安静的宇宙中绽放（图5-65）。

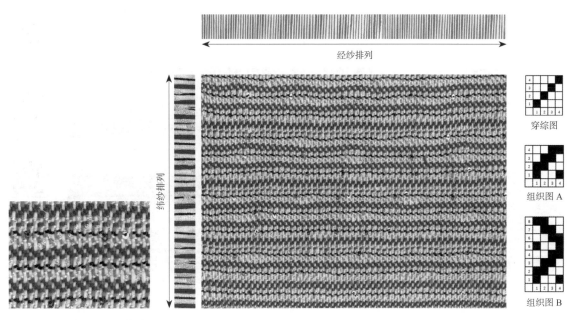

图 5-65　玫瑰银河（张菁然）

66. 作品名称：盘云

设计说明：以敦煌瑰宝莫高窟作为灵感，选用青绿色和橘红色为主色调，加入灿烂的金色作为点缀，将薄纱融合多层次叠加的设计，整体呈现莫高窟早期壁画中深奥而庄严的氛围（图5-66）。

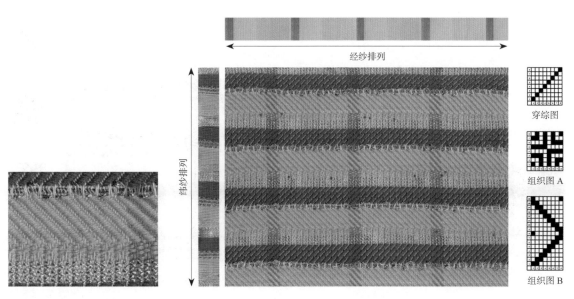

图 5-66　盘云（汪庭羽）

67. 作品名称：华·世

设计说明：灵感来源于敦煌壁画，将敦煌的深厚底蕴搭配浓墨重彩的纱线，以经为书，以纬为墨。当历史的脚步渐行渐远，唯有传承与之同行（图5-67）。

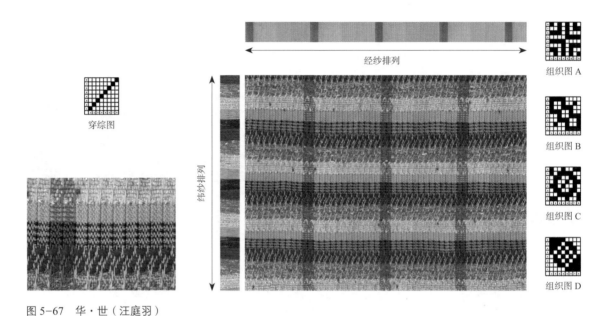

图 5-67　华·世（汪庭羽）

68. 作品名称：飞·天

设计说明：羌笛吹落过往，谁舞一曲霓裳，敦煌飞沙如雪，我来到你面前，百转千折，盛世浮影，翩若惊鸿，矫若游龙，你就是我最美的梦。经纬纱线的选取来源于敦煌飞天，承载了中国人对于精神自由的追求（图5-68）。

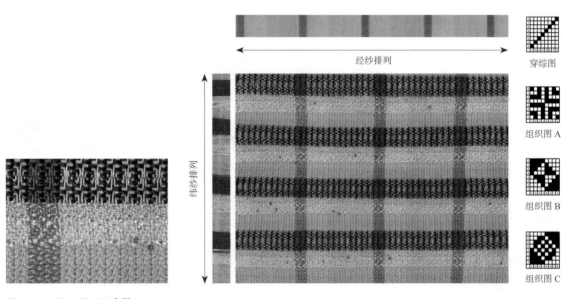

图 5-68　飞·天（汪庭羽）

69.作品名称：绿芜

设计说明：灵感来源于李煜的《虞美人·风回小院庭芜绿》，寓意春天来了，整个庭院都绿油油的，充满了生机。绿色是生机勃勃，蓝色是透亮广阔……一切都象征着自然的生气（图5-69）。

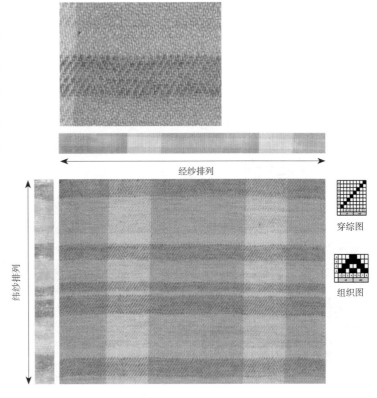

图5-69　绿芜（符佳奕）

70.作品名称：紫罗兰永恒花园

设计说明：紫罗兰寓意"永恒的爱"，是纯洁而无瑕的，是蔚蓝透亮的蓝，是纤洁不染的粉白，体现心灵的纯粹、庄严、圣洁，愿所有美好如期而至，心中有光，就能够接近梦想（图5-70）。

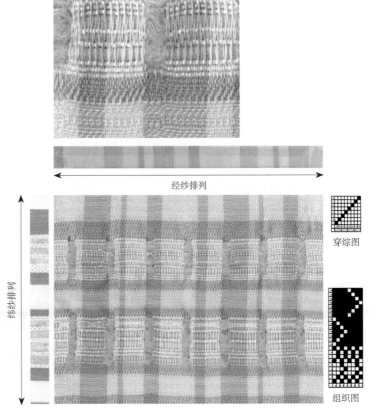

图5-70　紫罗兰永恒花园（符佳奕）

71. 作品名称：多色夹心抹茶马卡龙

设计说明：马卡龙，又称玛卡龙，法式小圆饼，是一种用蛋白杏仁粉、白砂糖和糖霜制作，并夹有水果酱或奶油的法式甜点。口感丰富，外脆内柔，外观五彩缤纷，精致小巧。这块面料设计灵感来自礼盒装马卡龙，似抹茶的渐变的橙绿色（图5-71）。

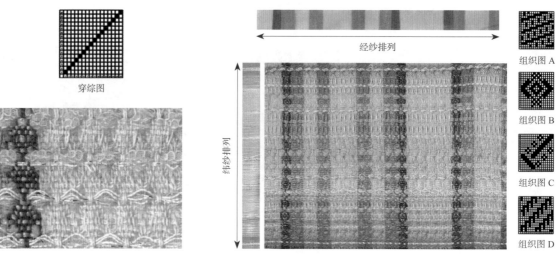

图 5-71　多色夹心抹茶马卡龙（孙广晨）

72. 作品名称：海上明月

设计说明：灵感来源于金黄色的月亮洒在海上，映在海水中，在海中拖出条条金线，伴随着海浪轻轻晃动，似一层层的涟漪轻轻地掀起的情景。因此，织片选用深蓝和金色的纬纱来表现海上明月的景象（图5-72）。

综片数：4
筘号 × 穿入数：50×2
下机经密 × 下机纬密：200×140
经纱排列 40A 28B 32C 12D
纬纱排列 21A 5B 7C

纱样经纱	样纱/成分	纱样纬纱	样纱/成分
A	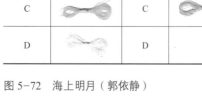	A	
B		B	
C		C	
D		D	

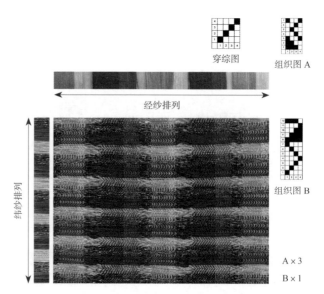

图 5-72　海上明月（郭依静）

73. 作品名称：晚霞与海

设计说明：灵感来源于夕阳西下，晚霞映红了半边天，又反射到海中，海水霎时变成红色，像一朵朵红莲绽放在海中的情景（图5-73）。

穿综图
A×4，B×1，C×3
经纱排列
组织图 A
纬纱排列
组织图 B
组织图 C

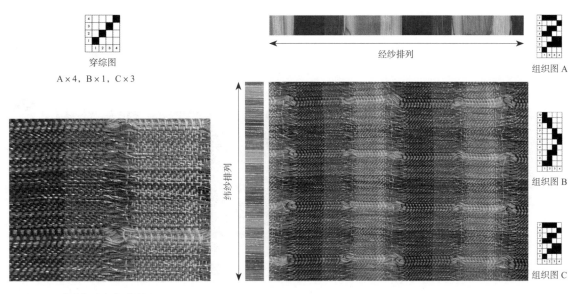

图 5-73　晚霞与海（郭依静）

74. 作品名称：黄昏的海

设计说明：灵感来源于黄昏，一轮金黄色的光圈映在海面，夕阳将最后的光辉洒向大海，海平面波光潋滟，金光闪闪的温馨画面（图5-74）。

综片数：4			
筘号 × 穿入数：50×2			
下机经密 × 下机纬密：200×80			
经纱排列：40A 28B 32C 12D			
纬纱排列：5D 3E 1F 1G 3A 4B 6C			
纱样经纱	样纱 / 成分	纱样纬纱	样纱 / 成分
A		A	
B		B	
C		C	
D		D	
E		E	
F		F	
G		G	

穿综图
组织图 A
组织图 B
组织图 C
经纱排列
纬纱排列

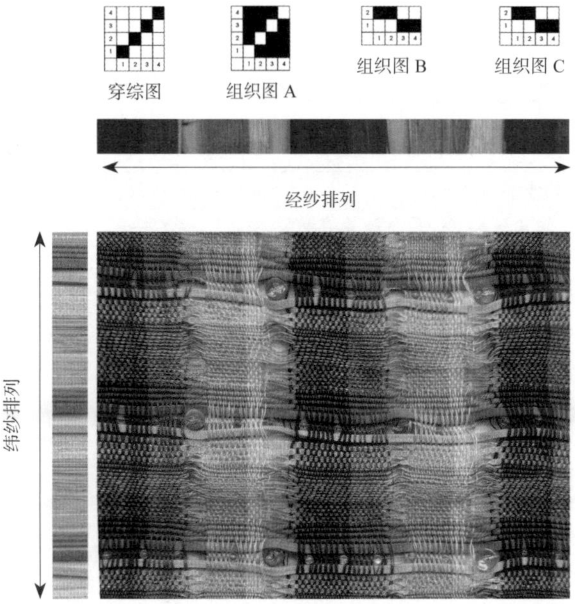

图 5-74　黄昏的海（郭依静）

75. 作品名称：落日余晖

设计说明：灵感来源于天边带着霞光的云彩，霞光透过云彩照射在大海上，红形形的，随波荡漾，闪烁着五光十色的光环的景象。粉色、黄色与银色相结合作为纬纱，表现落日晚霞的色彩，以水波纹形状的结构表现晚霞与海交相辉映的情景（图5-75）。

综片数：4
筘号 × 穿入数：50×2
下机经密 × 下机纬密：200×150
经纱排列：40A 28B 32C 12D
纬纱排列：10A 12B 10A 13C 10A 12D 10A 12E

纱样经纱	样纱/成分	纱样纬纱	样纱/成分
A		A	
B		B	
C		C	
D		D	
E		E	

穿综图

组织图 A

组织图 B

A × 5
B × 1

经纱排列

纬纱排列

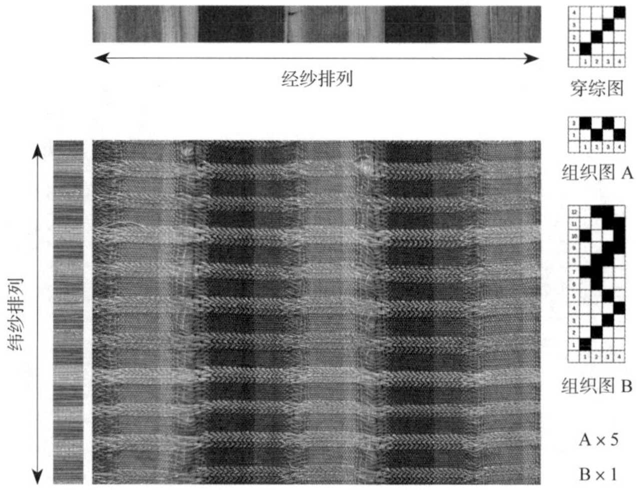

图 5-75　落日余晖（郭依静）

76. 作品名称：晨曦之海

设计说明：灵感来源于清晨朝阳缓缓升起，在阳光的照耀下，海面上波光粼粼，闪烁着五光十色的光环的情景。通过丰富的渐变颜色来表达朝阳照射海面的静谧、柔情的景象（图5-76）。

综片数：4
筘号 × 穿入数：50×2
下机经密 × 下机纬密：200×160
经纱排列：40A 28B 32C 12D
纬纱排列：26A 26C 16B 16C 16D 8C 8E 8C 8D 8H 8E 8G 8E 8F 8G 8E 8H 8I 8G 8F 8H 8I

纱样经纱	样纱/成分	纱样纬纱	样纱/成分
A		A	
B		B	
C		C	
D		D	
E		E	
F		F	
G		G	
H		H	

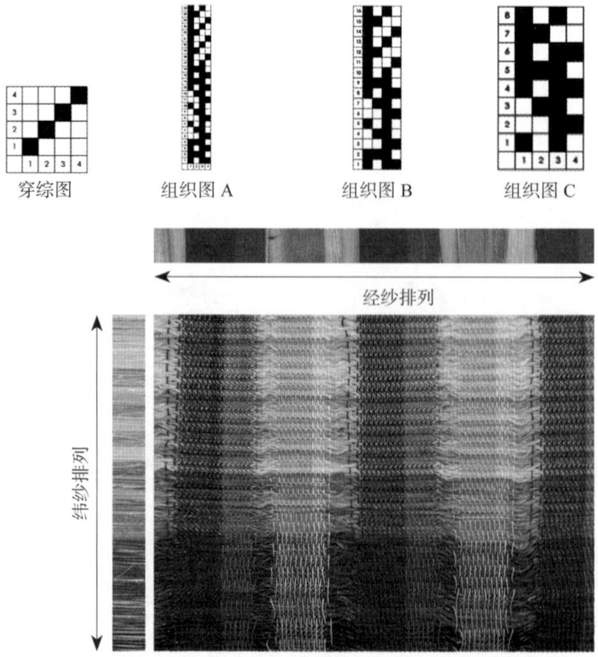

穿综图　　组织图 A　　组织图 B　　组织图 C

经纱排列

纬纱排列

图 5-76　晨曦之海（郭依静）

77. 作品名称：波浪

设计说明：灵感来源于海面上波光粼粼，烟波浩渺，当微风掠过，激起小小浪花的景象。选用带球的黄蓝渐变纱线来表现海波浪的肌理感，以颜色的渐变来表现光在波浪上闪烁的情景（图5-77）。

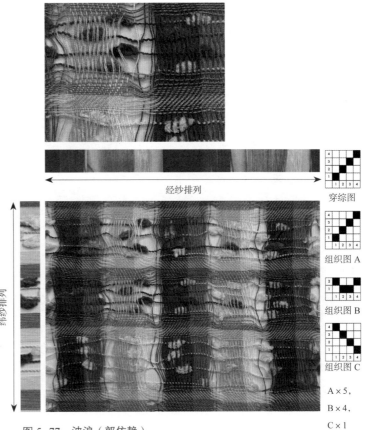

经纱排列

纬纱排列

穿综图

组织图 A

组织图 B

组织图 C

A×5，
B×4，
C×1

图5-77　波浪（郭依静）

78. 作品名称：白浪茫茫

设计说明：灵感来源于白居易的诗句"白浪茫茫与海连，平沙浩浩四无边"。使用白色和蓝色的特殊纱线，并加入透明珠子作为点缀，表现白浪的起伏感与一望无际的广阔感。在蓝白尾纬纱中加入头透明亮片线，表现海面浪花的光泽感（图5-78）。

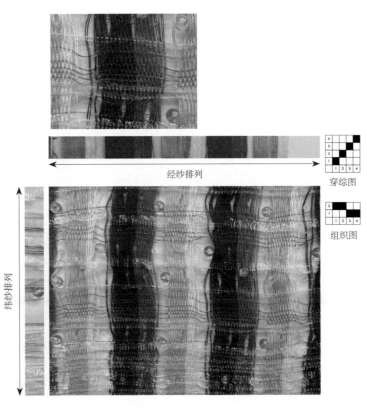

经纱排列

纬纱排列

组织图

图5-78　白浪茫茫（郭依静）

79. 作品名称：光与海

设计说明：阳光洒在起伏荡漾的海面上，丝丝波动。在骄阳的照射下，浪花相互追逐，形成颗颗白珠。通过较浅的蓝、绿、黄、粉的纱线，表现海面在光的反射下呈现出五光十色的波浪的样子（图5-79）。

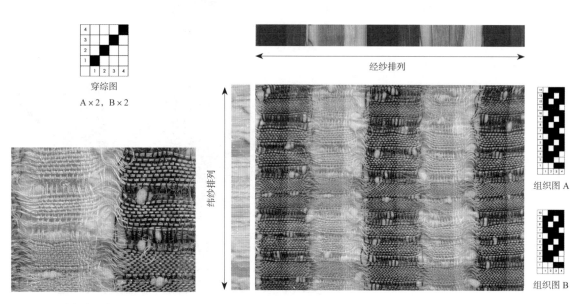

穿综图
A×2，B×2

经纱排列

纬纱排列

组织图A

组织图B

图 5-79　光与海（郭依静）

80. 作品名称：海上繁星

设计说明：灵感来源于繁星闪烁照亮海面的情景。织片试图通过加入LED小灯泡与透明珠子来表现璀璨明星照亮浪花的景象。在纬纱配色上，选择黄蓝缝纫线混合来表现夜与繁星，选择蓝粉缝纫线混合来表现繁星在海面上的倒影（图5-80）。

综片数：4			
筘号 × 穿入数：50×2			
下机经密 × 下机纬密：200×30			
经纱排列：40A 28B 32C 12D			
纬纱排列：6A 6B 6A 12B			
纱样经纱	样纱 / 成分	纱样纬纱	样纱 / 成分
A		A	
B		B	
C		C	
D		D	

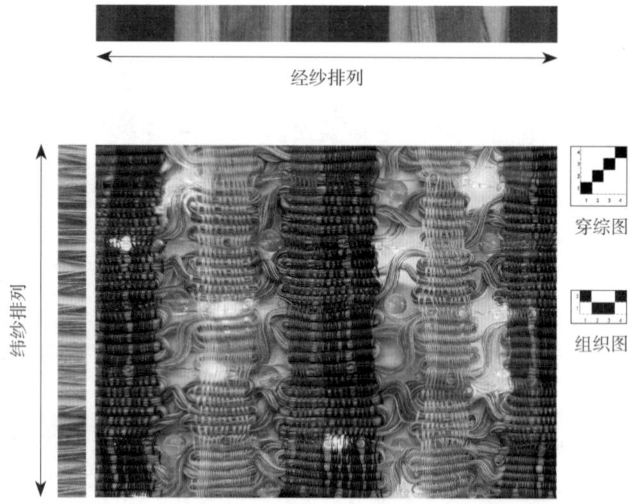

经纱排列

纬纱排列

穿综图

组织图

图 5-80　海上繁星（郭依静）

81. 作品名称：晨光乍现

设计说明：灵感来源于清晨一轮旭日庄严地从水波涟涟、闪光熠熠的海面上升起来的情景。织片选择了色彩对比度较大的两种纬纱进行不规律的混合编织，试图通过较浅的蓝粉纬纱表现海上映射着的晨光，将深色纬纱与浅色纬纱交融来表达海面起伏的质感（图5-81）。

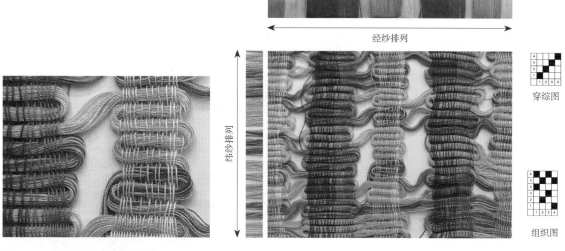

图 5-81 晨光乍现（郭依静）

82. 作品名称：风吹半夏

设计说明：黄昏诠释着生命的隐语，它带着一抹云霞的嘱托，把色彩洒落在天穹，去感受生活的平静与淡泊。黄昏是温馨夜降临的前幕，它展开的每一束星光都让人心灵寂寞而平和，不是哀伤，是红得耀眼的希望光芒，以最美的姿态结束一天（图5-82）。

综片数：4

筘号 × 穿入数：40×2

下机经密 × 下机纬密：170×240

经纱排列：1A 1B

纬纱排列：2F 2E 2D 2C 2B 2A 7F 7E 7D 7C 7B 7A

纱样经纱	样纱 / 成分	纱样纬纱	样纱 / 成分
A		A	
B		B	
C		C	
D		D	
E		E	
F		F	

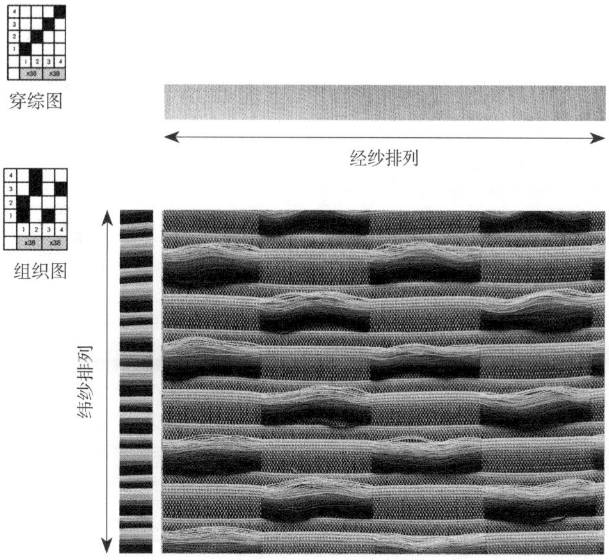

图 5-82 风吹半夏（邓甜蓉）

83. 作品名称：橘色浪花

设计说明：落日时分，空中弥漫了橘调，整个黄昏都透露着神秘。落日晚霞静静地感受黄昏，它就像生活一样，看似重复着，其实每天都有着不同的风景。天色渐晚，却遮不住落日的光芒，像火烧一般，染红了天边的云彩，为天空留下最后的暮色（图5-83）。

综片数：4

筘号 × 穿入数：40×2

下机经密 × 下机纬密：170×80

经纱排列：1A 1B

纬纱排列：（8A 8C 16B 8D 8E）×5 8E

纱样经纱	样纱 / 成分	纱样纬纱	样纱 / 成分
A		A	
B		B	
C		C	
D		D	
E		E	

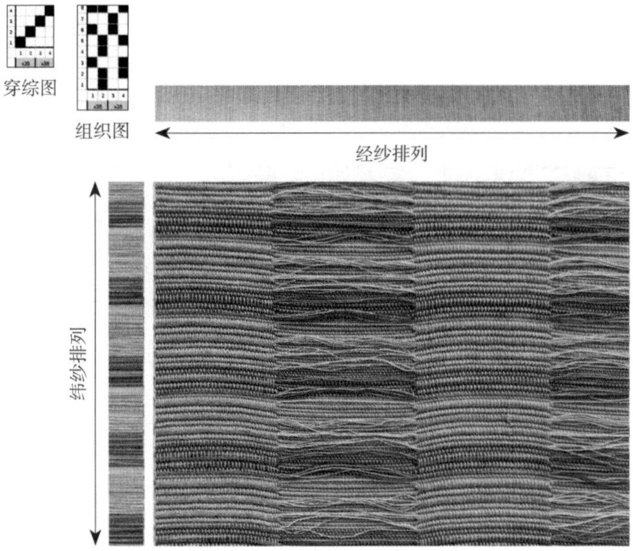

穿综图　组织图　经纱排列　纬纱排列

图 5-83　橘色浪花（邓甜蓉）

84. 作品名称：游动晚霞

设计说明：夕阳无限好，只是近黄昏。在徐徐的微风下，坐在海边，看着落日，追着晚霞。晚风轻踩着云朵，夕阳深处有一家温柔的便利店，贩卖着云朵和美好。晚霞跌进昭昭星野，载着落日的余晖和银河的浪漫（图5-84）。

综片数：4

筘号 × 穿入数：40×2

下机经密 × 下机纬密：170×70

经纱排列：1A 1B

纬纱排列：2D 2C 2B 2A

纱样经纱	样纱 / 成分	纱样纬纱	样纱 / 成分
A		A	
B		B	
C		C	
D		D	

穿综图　组织图　经纱排列　纬纱排列

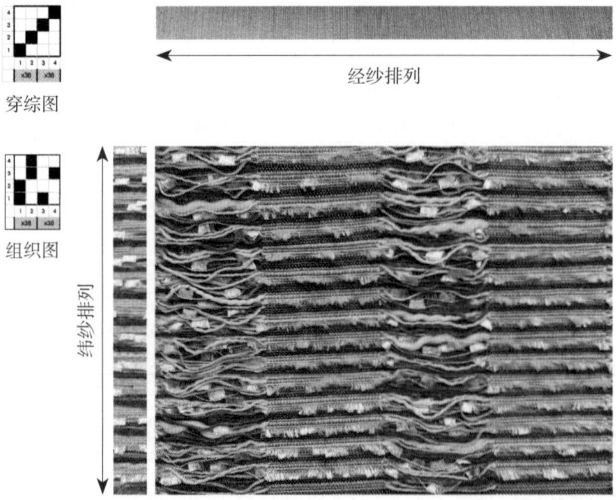

图 5-84　游动晚霞（邓甜蓉）

85. 作品名称：昭昭星野

设计说明：日落跌入昭昭星野，人间忽晚，山河已秋。太阳已落，天空中有几颗明亮的星星开始闪烁，升起的满月在天际撒下一片绯红的火光，一个巨大的火球在灰蒙蒙的暮霭中神奇地荡悠着。晚霞的余晖将最后的光芒洒满人间（图5-85）。

综片数：4			
筘号 × 穿入数：40×2			
下机经密 × 下机纬密：170×100			
经纱排列：1A 1B			
纬纱排列：8H 12F 6B 6E 4B 10A 4H 6A 1C 1D 1G 8E 6A			
组织循环：A×5，B×6 C×12，D×3，E×1，F×3			
纱样经纱	样纱 / 成分	纱样纬纱	样纱 / 成分
A		A	
B		B	
C		C	
D		D	
E		E	
F		F	
G		G	
H		H	

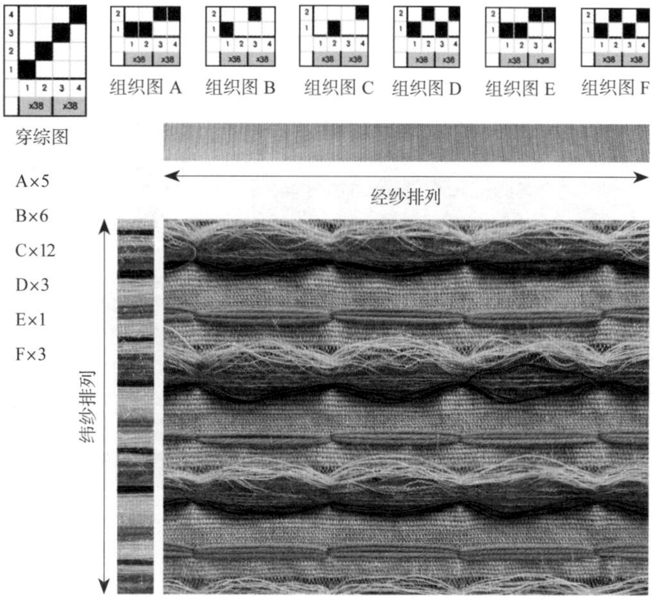

穿综图
组织图 A　组织图 B　组织图 C　组织图 D　组织图 E　组织图 F

A×5
B×6
C×12
D×3
E×1
F×3

经纱排列

纬纱排列

图5-85　昭昭星野（邓甜蓉）

86. 作品名称：种满天空的玫瑰

设计说明：在初秋依旧灼热的傍晚，漂浮在蓝色画布上的红，像是粉色的玫瑰种满天空，又像娇羞少女低垂的脸颊。梦幻的粉色晚霞再一次重现，浅蓝色的天幕如同一幅洁净的丝绒，洒落晴空（图5-86）。

综片数：4			
筘号 × 穿入数：40×2			
下机经密 × 下机纬密：170×90			
经纱排列：1A 1B			
纬纱排列：6B 6C 12A 2D 4E			
纱样经纱	样纱 / 成分	纱样纬纱	样纱 / 成分
A		A	
B		B	
C		C	
D		D	
E		E	

穿综图

组织图

经纱排列

纬纱排列

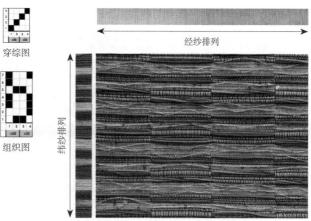

图5-86　种满天空的玫瑰（邓甜蓉）

87. 作品名称：纸乱红蓝压

设计说明：红蓝，其叶似蓝，以长春花的蓝色为基调，注入充满活力的紫红色，给人温暖、欢乐与活力的存在感。二月春雨和春泥，半山青黛半山稀，以色喻夜，明月高悬。青黛便是明月边上春夜之色，繁星满天，眼下尽是光，梦里尽是春（图5-87）。

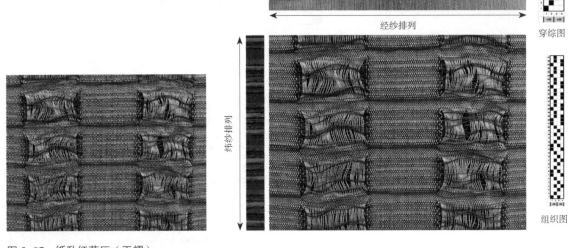

图5-87　纸乱红蓝压（王耀）

88. 作品名称：火烈鸟

设计说明：一树花开惊满城，粉嫩火烈鸟的颜色与天空的蓝色相搭配，每一棵穿着粉色衣裙的树，是你，是我，是她，都是这个世界温暖的力量，站在一起就是粉色的森林，一起传递春天的气息，唤起童真，传递美好（图5-88）。

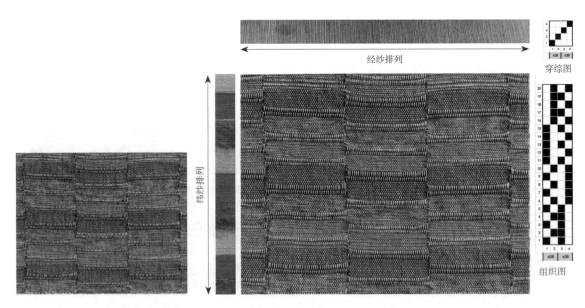

图5-88　火烈鸟（王耀）

89. 作品名称：春罗浅染醋红色

设计说明：中国古代将红色称为赤色，将橙红色称为红色，汉代种植的茜草是暗土红色，茜素以明矾为媒染剂可染出红色，而苏木也因染液浓度不同与染色时间不同可染制不同的红色，浅粉由苏木染出。俏不争春，淡而不寡（图5-89）。

综片数：4			
筘号 × 穿入数：40×2			
下机经密 × 下机纬密：170×40			
经纱排列：1A 1B			
纬纱排列：1A 1B 1C			
纱样经纱	样纱/成分	纱样纬纱	样纱/成分
A		A	
B		B	
C		C	

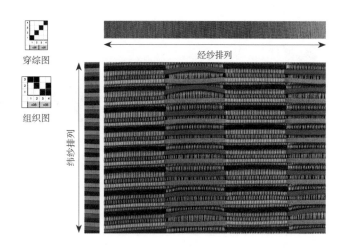

图5-89　春罗浅染醋红色（王耀）

90. 作品名称：繁花似锦

设计说明：灵感来源于诗句"等闲识得东风面，万紫千红总是春"。描绘了春风吹得百花齐放、万紫千红的景象，立体的格纹肌理象征着蜂巢的结构，表现了蜜蜂与繁花协同合作、相互依存的关系（图5-90）。

综片数：8			
筘号 × 穿入数：40×2			
下机经密 × 下机纬密：160×114			
经纱排列：42A 14B			
纬纱排列：（14A 7B 7C 7D 14E 7F）×2（21A 7B 7C 7D 14E 7F）×2			
纱样经纱	样纱/成分	纱样纬纱	样纱/成分
A		A	
B		B	
C		C	
D		D	
E		E	
F		F	

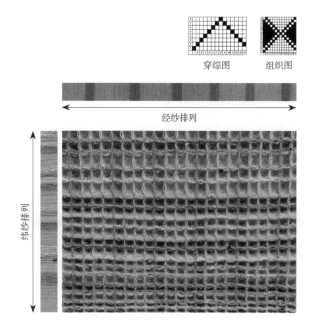

图5-90　繁花似锦（孙采怡）

91.作品名称：冬牧场

设计说明：灵感来源于冬季牧场的人间温情，处处洋溢着生活的气息，于是选用了绿色代表这种生活的气息，再加以紫色调象征冬季，自然呈现着少数民族地区牧民游牧生活的艰辛劳顿（图5-91）。

综片数：8			
筘号 × 穿入数：40×2			
下机经密 × 下机纬密：160×134			
经纱排列：42A 14B			
纬纱排列：17A 15B 18C 16D 12E			
纱样经纱	样纱/成分	纱样纬纱	样纱/成分
A		A	
B		B	
C		C	
D		D	
E		E	

穿综图

组织图

经纱排列

纬纱排列

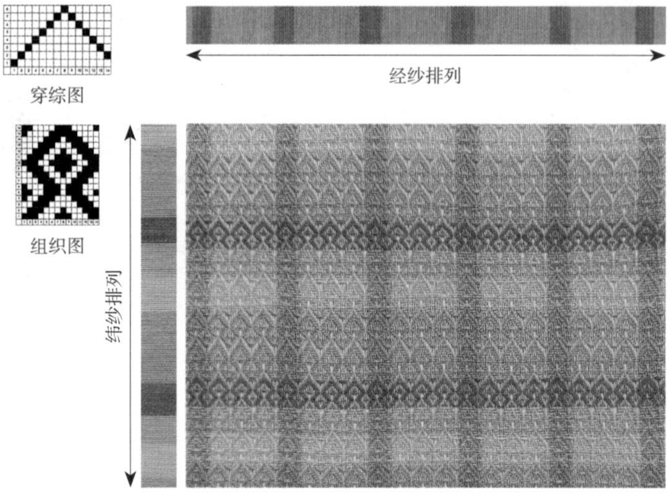

图5-91 冬牧场（陈慧琳）

92.作品名称：冬日之光

设计说明：采用粉黄色系的纱线，增加了一份对冬天的期待，又增添两种不同材质的白色纱线，一种棉线，一种带绒毛的纱线，表现出性感的冬季带给人不同的感觉（图5-92）。

综片数：8			
筘号 × 穿入数：40×2			
下机经密 × 下机纬密：160×146			
经纱排列：42A 14B			
纬纱排列：11A 6B 12C 11D 1E 3F 1G			
纱样经纱	样纱/成分	纱样纬纱	样纱/成分
A		A	
B		B	
C		C	
D		D	
E		E	
F		F	
G		G	

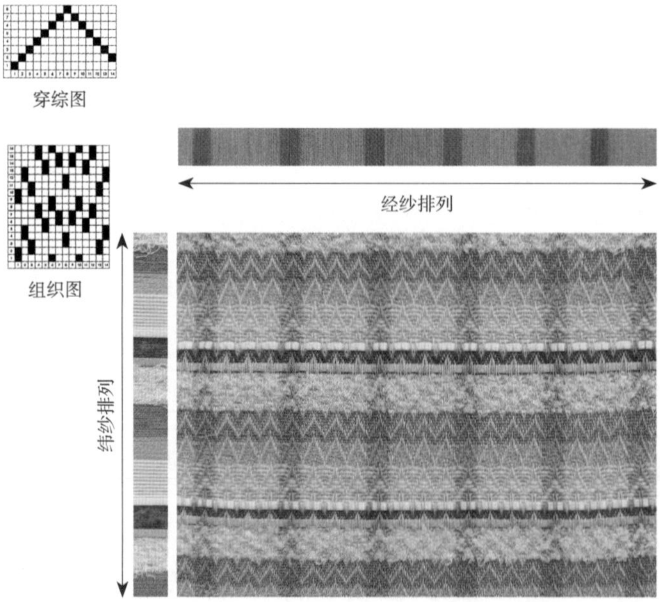

穿综图

组织图

经纱排列

纬纱排列

图5-92 冬日之光（陈慧琳）

93. 作品名称：林海雪原

设计说明：在吉林的林海雪原间，除了雄浑壮美的自然景观，还点缀着独具特色的民俗文化，采用了较多种色系代表了丰富多彩的民俗文化（图5-93）。

综片数：8
筘号 × 穿入数：40×2
下机经密 × 下机纬密：160×162
经纱排列：42A 14B
纬纱排列：5A 11B 16C 10D 12E

穿综图

组织图

经纱排列

纬纱排列

纱样经纱	样纱/成分	纱样纬纱	样纱/成分
A		A	
B		B	
C		C	
D		D	
E		E	

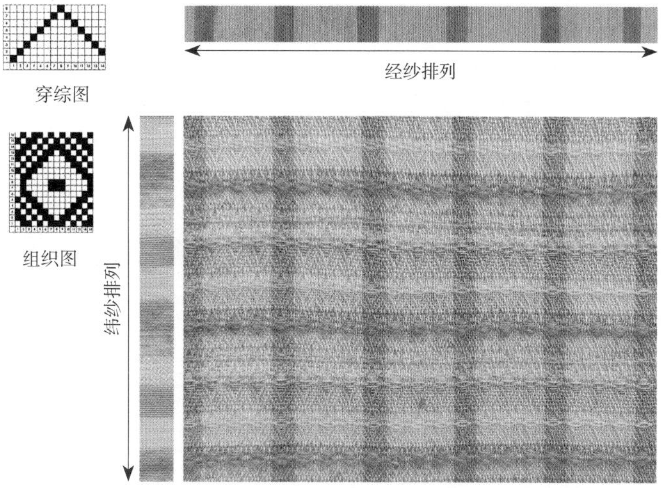

图5-93　林海雪原（陈慧琳）

94. 作品名称：早春群山

设计说明：春天给大地换上了绿衣裳，从外到内都焕然一新。远处的群山连绵起伏，百花争艳。斜纹相互连接，形成了连绵起伏的群山。绿色的闪线将画面映衬得更加流光溢彩（图5-94）。

综片数：8
筘号 × 穿入数：40×2
下机经密 × 下机纬密：160×114
经纱排列：42A 14B
纬纱排列：10A 10B 8C 4D 8E 6F

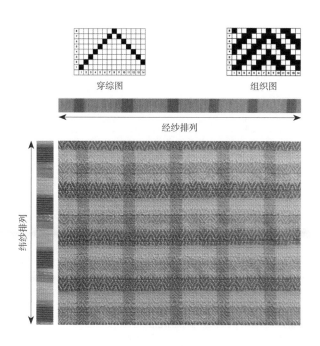

穿综图　　　　组织图

经纱排列

纬纱排列

纱样经纱	样纱/成分	纱样纬纱	样纱/成分
A		A	
B		B	
C		C	
D		D	
E		E	
F		F	

图5-94　早春群山（孙采怡）

95. 作品名称：落日霞光

设计说明：灵感来源于夏日的晚霞，诗句"风烟满夕阳"中的画面。风动烟雾四散，西边的整个夕阳都好像被烟雾充满一般。斜纹描绘出夕阳斜照的场景，白色纱线使画面朦胧（图5-95）。

综片数：8

箱号 × 穿入数：40×2

下机经密 × 下机纬密：160×114

经纱排列：42A 14B

纬纱排列：6A 12B 4C 3D 8E 4F

纱样经纱	样纱 / 成分	纱样纬纱	样纱 / 成分
A		A	
B		B	
C		C	
D		D	
E		E	
F		F	

穿综图　组织图

经纱排列

纬纱排列

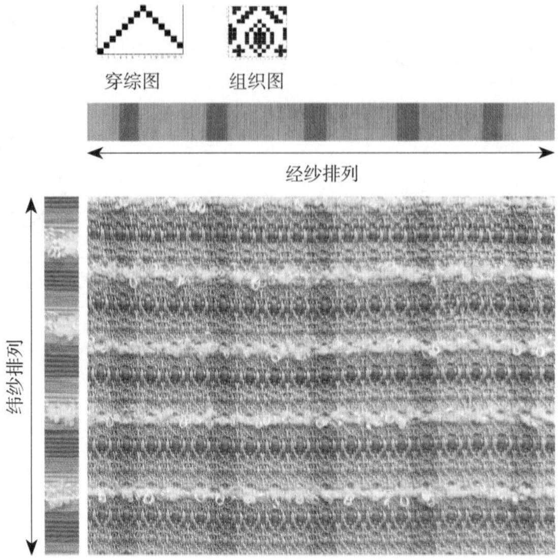

图 5-95　落日霞光（孙采怡）

96. 作品名称：春日花园

设计说明：灵感来源于春日花园的蝴蝶与繁花，览尽美好春色。粉色是轻载晨露的樱花，是初熟的蜜桃，明媚可爱。紫色是翩翩飞舞的蝴蝶，梦幻温柔（图5-96）。

综片数：8

箱号 × 穿入数：40×2

下机经密 × 下机纬密：160×114

经纱排列：42A 14B

纬纱排列：11A 13B 9C 6D 5E 11F

纱样经纱	样纱 / 成分	纱样纬纱	样纱 / 成分
A		A	
B		B	
C		C	
D		D	
E		E	
F		F	

穿综图　　　　组织图

经纱排列

纬纱排列

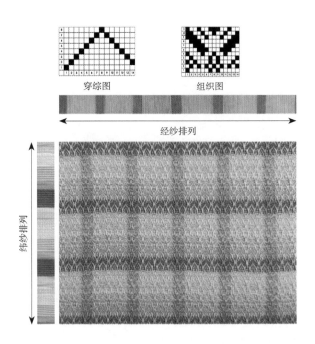

图 5-96　春日花园（孙采怡）

97. 作品名称：春深杏花乱

设计说明：此织物表现了在杏花纷乱的春日，在溶溶香风和阵阵暖意中，幽冷的水面上摇落着片片柔情。该作品还原春日里杏花的色彩，也展示了春天的温暖。带给人们温暖和喜悦，让春天的美丽永远陪伴在每个人的身边（图5-97）。

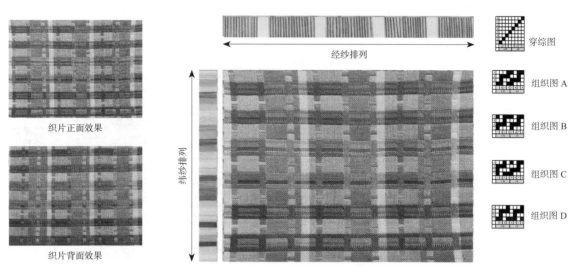

图5-97　春深杏花乱（艾若彤、万菁菁）

98. 作品名称：花开半夏

设计说明：这片织物灵感来源于轻快和煦的莫奈主题色，夏花盎然的油画，闯入克劳德·莫奈后花园，选用莫奈的花园中活泼自然的色调，营造出轻松愉悦的氛围，让人仿佛置身于花海之中（图5-98）。

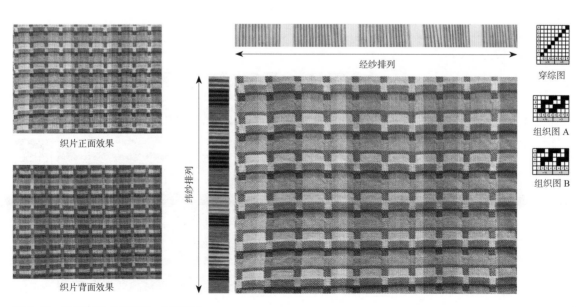

图5-98　花开半夏（艾若彤、万菁菁）

99. 作品名称：梅子黄时雨

设计说明：碧云冉冉蘅皋暮，彩笔新题断肠句。试问闲愁都几许？一川烟草，满城风絮，梅子黄时雨。运用黄紫配色，既对比鲜明，又和谐相融，这种配色不仅增强了画面的视觉冲击力，更在无形中深化了诗歌的意境（图5-99）。

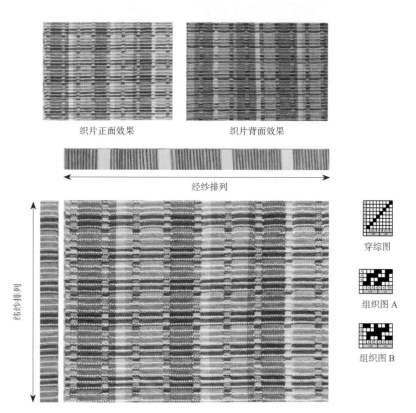

织片正面效果　　　织片背面效果

经纱排列

纬纱排列

穿综图

组织图 A

组织图 B

图 5-99　梅子黄时雨（艾若彤、万菁菁）

100. 作品名称：夏日碎片

设计说明："炉火照天地，红星乱紫烟。树树皆秋色，山山唯落晖。夕阳薰细草，江色映疏帘。日晚菱歌唱，风烟满夕阳。"此织物意在呈现出一幅色调明亮、气氛热烈的场面。炉中火星在热气腾腾的紫烟中迸射飞溅（图5-100）。

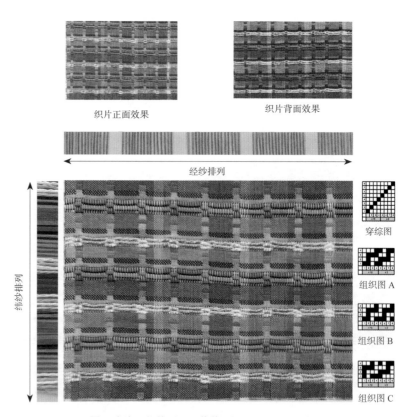

织片正面效果　　　织片背面效果

经纱排列

纬纱排列

穿综图

组织图 A

组织图 B

组织图 C

图 5-100　夏日碎片（艾若彤、万菁菁）

101. 作品名称：池上青莲宇

设计说明：水境荷韵，别有一股清凉。此织物描绘了傍晚一池陈年清酿，醉了半亩风荷，呈现出悠悠夏日的景色。运用蓝粉配色，呈现出夏日晚霞一种如梦如幻的视觉效果，营造出一种宁静而优美的氛围（图5-101）。

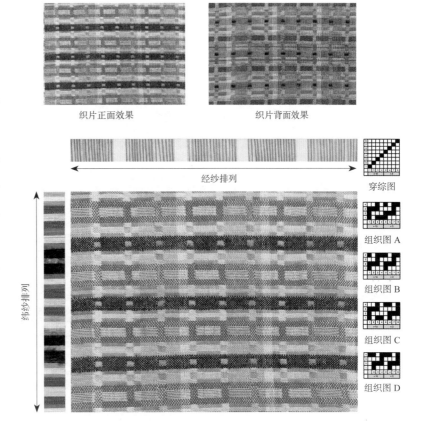

图5-101　池上青莲宇（艾若彤、万菁菁）

102. 作品名称：余霞成绮

设计说明："余霞散成绮，澄江静如练。"此织物在色彩运用上受到这句诗的启发，将暖色调的渐变融入设计之中，意在展现夕阳映照下天空中晚霞渐变的景象。作品呈现出静谧而梦幻的视觉感受，使人仿佛置身于晚霞之中（图5-102）。

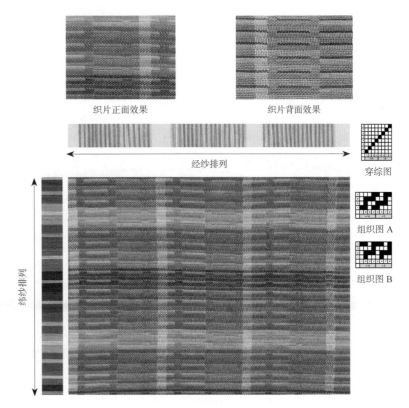

图5-102　余霞成绮（艾若彤、万菁菁）

103. 作品名称：草木蔓发

设计说明："当待春中，草木蔓发，春山可望。"在色彩选择上，以绿色为主色调，营造出一种清新自然的感觉，还巧妙地加入了玫红色进行搭配，象征着阳光和温暖，使整个作品充满了春天的气息（图5-103）。

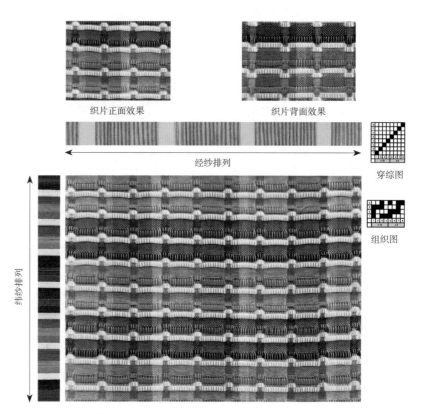

织片正面效果　　　　织片背面效果

经纱排列

穿综图

组织图

图 5-103　草木蔓发（艾若彤、万菁菁）

104. 作品名称：春之针缕

设计说明：春天拥有许多不知名的树，不知名的花草，春天在不知名的针缕中完成无以名之的美丽。此织物运用了大自然的色彩，进行重复排列，绘制出一幅幅动人的画卷，意在表达对春之万物的喜爱与赞颂，展现出一片生机勃勃的景象（图5-104）。

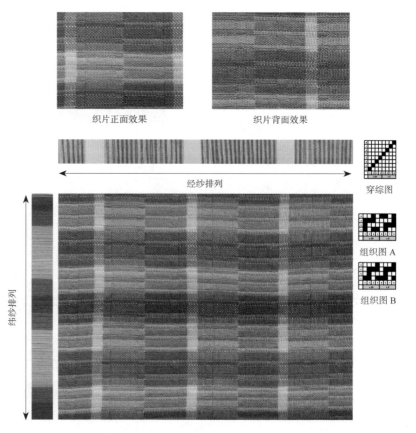

织片正面效果　　　　织片背面效果

经纱排列

穿综图

组织图 A

组织图 B

图 5-104　春之针缕（艾若彤、万菁菁）

105. 作品名称：月白烟青

设计说明："月白烟青水暗流，月色明净，青烟朦朦。"此织物设计理念源于对自然美景的深刻感悟，融合月白与烟青，营造出深夜河流幽深静谧之美，让人仿佛置身于洒满月光的岸边，使人心生宁静，享受夜晚美好的时光（图5-105）。

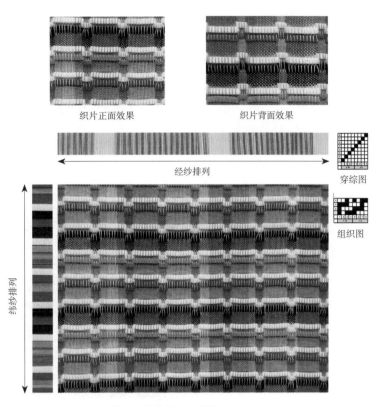

图 5-105　月白烟青（艾若彤、万菁菁）

106. 作品名称：晓山青

设计说明："重重似画，曲曲如屏。""但远山长，房山乱，晓山青。"这款织物的色彩搭配以青翠的蓝绿色为主色调，展现了大自然的生机勃勃。同时，运用淡雅的色调描绘山间的云雾，使整个画面更加立体丰满（图5-106）。

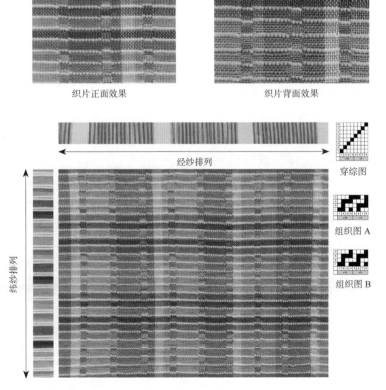

图 5-106　晓山青（艾若彤、万菁菁）

107. 作品名称：春日来信

设计说明：沐浴在柔和的春光里，天空蔚蓝，太阳很暖，抬头就是希望，春天实在浪漫。此织物以蓝色为基调，融入粉色元素，意在展现无尽蓝色天空和明媚的阳光映衬下的生活，充满阳光与希望（图5-107）。

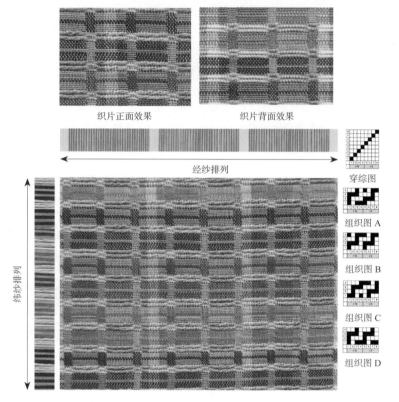

图 5-107　春日来信（艾若彤、万菁菁）

108. 作品名称：春水煎茶

设计说明："桃花酿酒，春水煎茶。"此织物表现出诗人惬意的生活，通过这款织物，我们希望能够传达一种生活理念：在繁忙的现代生活中，我们同样可以追求诗意，寻找内心的宁静（图5-108）。

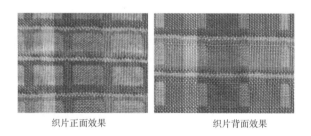

图 5-108　春水煎茶（艾若彤、万菁菁）

109. 作品名称: 桥下春波

设计说明:"桥下春波绿,惊鸿照影来。"此织物生动描绘了桥下水面映射出各种春日色彩,波光粼粼、充满生机的画面。此织物运用了色彩对比和渐变的手法,将春日里的生机勃勃展现得淋漓尽致(图5-109)。

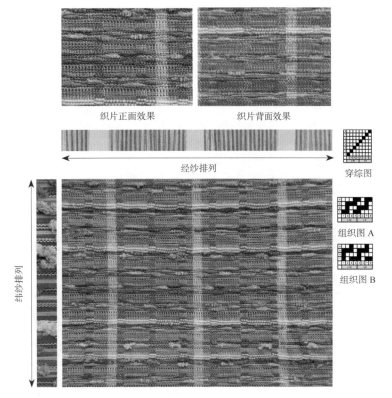

织片正面效果　织片背面效果

经纱排列

穿综图

组织图A

组织图B

纬纱排列

图5-109　桥下春波(艾若彤、万菁菁)

110. 作品名称: 竹外桃花

设计阐述:"竹外桃花三两枝,春江水暖鸭先知。蒌蒿满地芦芽短,正是河豚欲上时。"此织物以桃红与墨绿为主要配色,意在呈现一幅春日气息浓郁、自然清新的画卷。展现出了一幅竹外桃花盛开、优美宜人的景象(图5-110)。

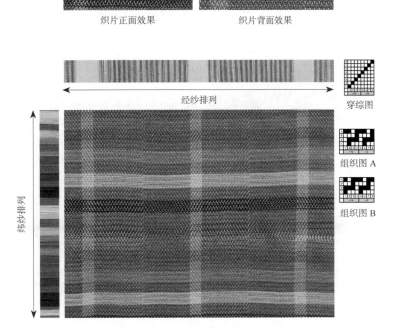

织片正面效果　织片背面效果

经纱排列

穿综图

组织图A

组织图B

纬纱排列

图5-110　竹外桃花(艾若彤、万菁菁)

111. 作品名称：春风

设计说明："山河万物，碧玉成妆。春风摇曳，万物生光。"此作品运用饱满的色彩，渐变的搭配，体现出层次感。渐变条纹的运用，不仅增加了视觉效果，还让整个作品更具动感，营造出春日浪漫的氛围（图5-111）。

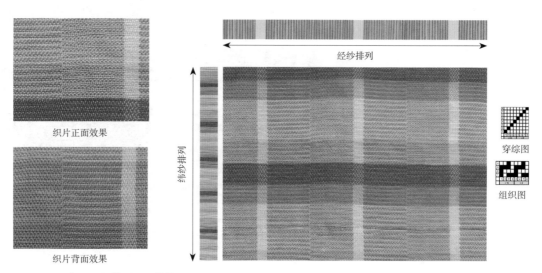

图5-111　春风（艾若彤、万菁菁）

112. 作品名称：垂钓绿湾春

设计说明：树林中的溪水总有别处不具备的幽谧冷清之感，仿佛一块满绿的翡翠，在树影斑驳中变换出或深沉或晶莹的色彩，这正是生命力的体现。此织物设计旨在让人们在纷繁忙碌的生活中，觅得一片宁静的心灵避风港（图5-112）。

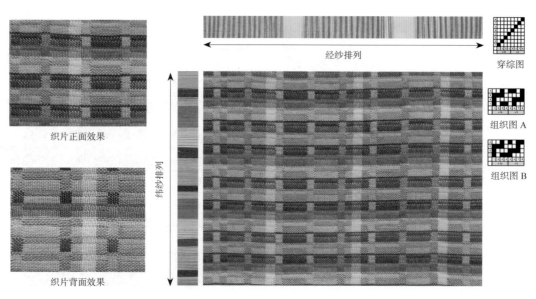

图5-112　垂钓绿湾春（艾若彤、万菁菁）

113. 作品名称：山海绿织

设计说明：推窗而去，一半是绿树织成的山壁，一半是迷迷蒙蒙的海湾，于是日夜只与鸟鸣和涛声相伴。此作品运用蓝绿色调描绘出一片山海绿织的舒适景象，让人仿佛置身于自然之中，尽享大自然的美好（图5-113）。

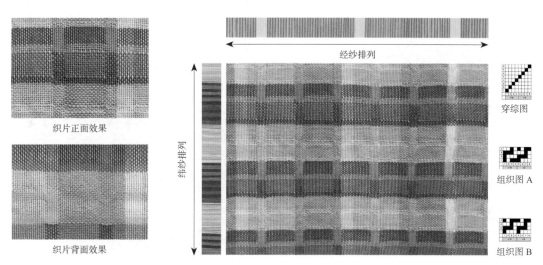

图 5-113　山海绿织（艾若彤、万菁菁）

114. 作品名称：星砂音符

设计说明：此作品以蓝紫色调为基础，灵感来源于夏日傍晚的紫色夕阳，色系的渐变营造出一种浪漫的氛围，展现出令人陶醉的美感。仿佛将观者带入了一个既浪漫又宁静的世界，带给观者无尽的想象空间（图5-114）。

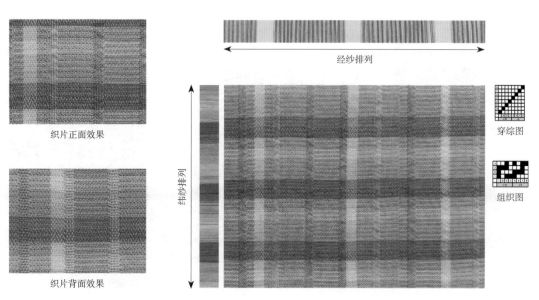

图 5-114　星砂音符（艾若彤、万菁菁）

115. 作品名称: 山花海木

设计说明: 山花寻海树, 此织物运用黄绿色系, 使整个织物充满了春天的气息。黄色象征着温暖和希望, 绿色则代表着生命和自然。这两种色彩的结合, 旨在为人们带来视觉上的愉悦 (图5-115)。

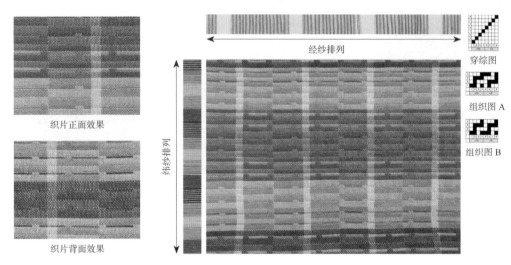

图5-115　山花海木 (艾若彤、万菁菁)

116. 作品名称: 春路雨添花

设计说明: "春路雨添花, 花动一山春色。行到小溪深处, 有黄鹂千百。飞云当面化龙蛇, 天矫转空碧。醉卧古藤阴下, 了不知南北。"此织物描绘了一幅春天到来, 野花在雨中盛开的景象 (图5-116)。

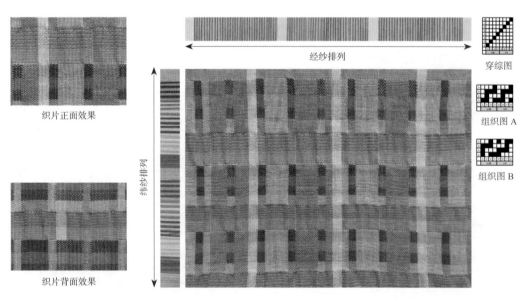

图5-116　春路雨添花 (艾若彤、万菁菁)

117. 作品名称：秘密花园系列

设计说明：该系列作品具备一定的完整性，是在相同经纱和组织图不变的情况下，通过变换不同的纬纱效果实现面料的对比效果，体现了系列性作品的设计原则之一。

花卉在面料中的呈现，与快节奏的城市形成鲜明的反差，宛若行走的秘密花园，含蓄唯美，通过清新饱满的花卉色彩传递自然舒适，打造属于自己的乌托邦，远离现实，满足我们对自然的向往。秘密花园是抽象的也是具象的，是虚拟的也是现实的，是现实花园的映射（图 5-117~图 5-123）。

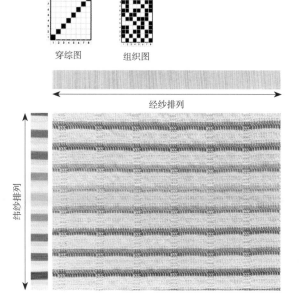

综片数：8			
筘号 × 穿入数：40×2			
下机经密 × 下机纬密：160×150			
经纱排列：（48B 12A）×8 48B			
纬纱排列：（13A 8B 16C 4D 9E 7F）×3 13A			
纱样经纱	样纱 / 成分	纱样纬纱	样纱 / 成分
A		A	
B		B	
C		C	
D		D	
E		E	
F		F	

穿综图　　组织图　　经纱排列　　纬纱排列

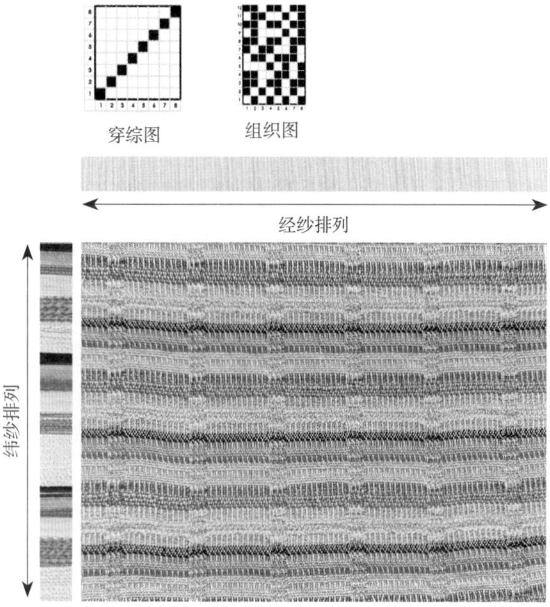

图 5-117　秘密花园 1（汪文静）

综片数：8			
筘号 × 穿入数：40×2			
下机经密 × 下机纬密：160×150			
经纱排列：（48B 12A）×8 48B			
纬纱排列：16A 16H 16G 16B 16H 16G 16C 16H 16G 16D 16H 16G 16E 16H 16G 16F 16H 16G 16E 16H 16G 16D 16H 16G 16C 16H 16G 16B			
纱样经纱	样纱 / 成分	纱样纬纱	样纱 / 成分
A		A	
B		B	
C		C	
D		D	
E		E	
F		F	
G		G	
H		H	

穿综图　　组织图　　经纱排列　　纬纱排列

图 5-118　秘密花园 2（汪文静）

综片数：8

筘号 × 穿入数：40×2

下机经密 × 下机纬密：170×210

经纱排列：（48B 12A）×8 48B

纬纱排列：8A 8G 8F 8B 8G 8F 8C 8G 8F 8D 8G 8F 8E 8G 8F 8D 8G 8F 8C 8G 8F 8B 8G 8F

纱样经纱	样纱 / 成分	纱样纬纱	样纱 / 成分
A		A	
B		B	
C		C	
D		D	
E		E	
F		F	
G		G	

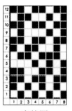 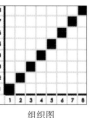

穿综图　　　　　组织图

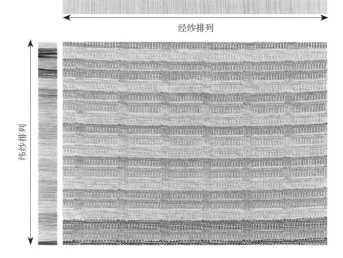

经纱排列

纬纱排列

图 5-119　秘密花园 3（汪文静）

综片数：8

筘号 × 穿入数：40×2

下机经密 × 下机纬密：160×150

经纱排列：（48B 12A）×8 48B

纬纱排列：（4A 3B 3C 4D 3E 3C 3F 7G）×3 4A 3B 3C 4D 3E

纱样经纱	样纱 / 成分	纱样纬纱	样纱 / 成分
A		A	
B		B	
C		C	
D		D	
E		E	
F		F	
G		G	

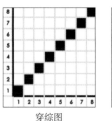 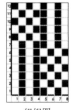

穿综图　　　　　组织图

经纱排列

纬纱排列

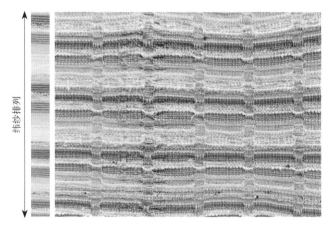

图 5-120　秘密花园 4（汪文静）

综片数：8

筘号 × 穿入数：40×2

下机经密 × 下机纬密：160×210

经纱排列：（48B 12A）× 8 48B

纬纱排列：40A 8F 8E 32B 8F 8E 24B 8F 8E 16C 8F 8E
8D 8F 8E 16C 8F 8E 16B 8F 8E 16A 8F 8E

纱样经纱	样纱 / 成分	纱样纬纱	样纱 / 成分
A		A	
B		B	
C		C	
D		D	
E		E	
F		F	

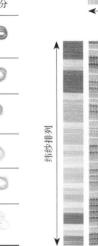

穿综图　　　　组织图

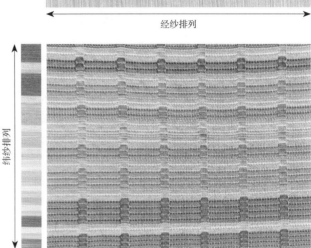

经纱排列

纬纱排列

图 5-121　秘密花园 5（汪文静）

穿综图

组织图

纬纱排列

经纱排列

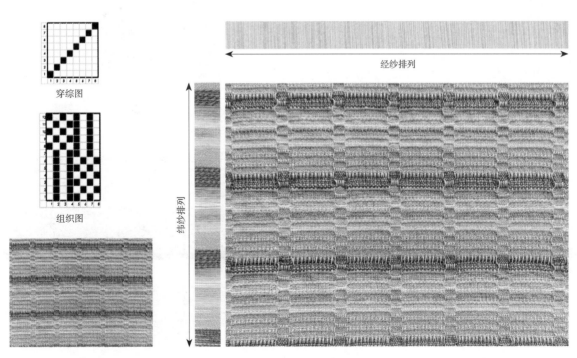

图 5-122　秘密花园 6（汪文静）

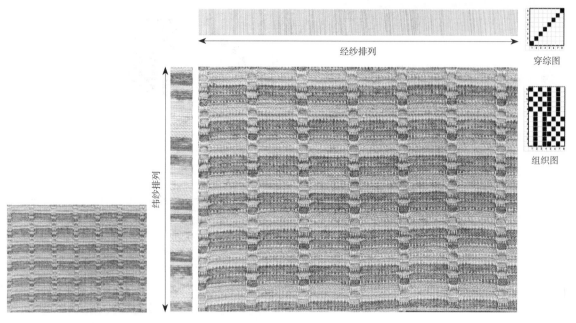

图5-123 秘密花园7（汪义静）

118.作品名称：鸣沙踏歌1

设计说明：敦煌遗书记中记载着晚唐敦煌的优美图案，例如几何形状、花卉形状等。这块织物主要借鉴了其中的几何形，用绿、橙、白、黄四色相间形成菱形方块的正负形效果，体现敦煌壁画中的典雅之美（图5-124）。

综片数：8
筘号 × 穿入数：50×2
下机经密 × 下机纬密：220×220
经纱排列：（96A 48B）×3 96A
纬纱排列：22A 24I 18E 24G 30B 24O 16C 18D 12F 24H 24E 30O 20C 10B 10G 20H 10E 12I 12G 22A 22I

纱样经纱	样纱／成分	纱样纬纱	样纱／成分
A		A	
B		B	
C		C	
D		D	
E		E	
F		F	
G		G	
H		H	
I		I	

穿综图　　　组织图A　　　组织图B

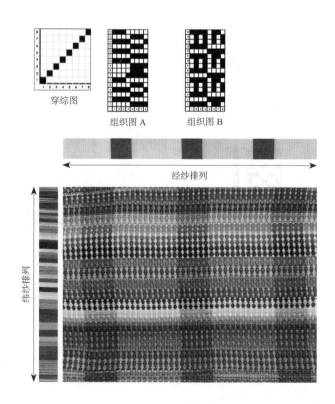

图5-124 鸣沙踏歌1（朱珀颐）

119. 作品名称：鸣沙踏歌 2

设计说明：鸣沙源于敦煌书记中的鸣沙山，盛夏自鸣是一种奇观，它的配色以青绿、翠绿、朱砂色为主，体现出敦煌遗址的庄重、典雅之美。踏歌是古代民间流行的舞蹈，在壁画中也颇为常见，织物中的纵横线条体现出踏歌舞的优美（图 5-125）。

综片数：8			
筘号 × 穿入数：50×2			
下机经密 × 下机纬密：220×250			
经纱排列：（96A 48B）×3 96A			
纬纱排列：4F 20C 10D 10A 20E 20B			
纱样经纱	样纱 / 成分	纱样纬纱	样纱 / 成分
A		A	
B		B	
C		C	
D		D	
E		E	
F		F	

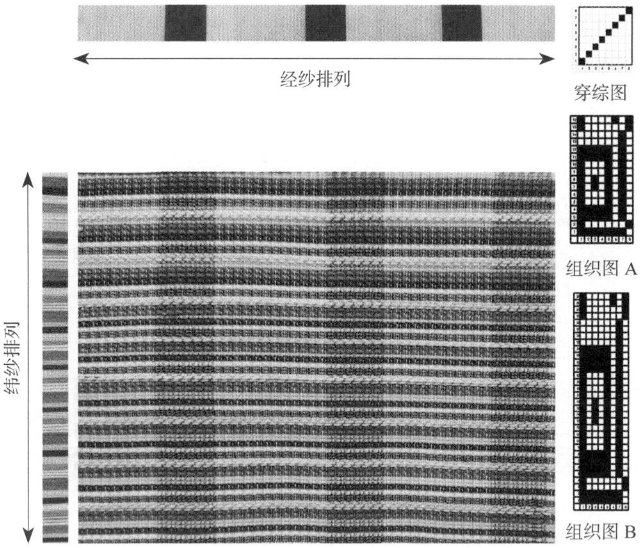

图 5-125 鸣沙踏歌 2（朱珀颐）

120. 作品名称：鸣沙踏歌 3

设计说明：鸣沙源于敦煌书记中的鸣沙山，盛夏自鸣，是一种奇观；踏歌是古代民间流行的舞蹈，在壁画中也颇为常见。织物中运用了"Z"字纹路，用翠绿、浅黄等彩色彩线穿插其中，体现敦煌的独特美感（图 5-126）。

综片数：8			
筘号 × 穿入数：50×2			
下机经密 × 下机纬密：220×220			
经纱排列：（96A 48B）×3 96A			
纬纱排列：（4D 4F）×2,（8D 8F）×3（8C 8B）×3（8D 8F 18E 18G 18A）×4			
纱样经纱	样纱 / 成分	纱样纬纱	样纱 / 成分
A		A	
B		B	
C		C	
D		D	
E		E	
F		F	
G		G	

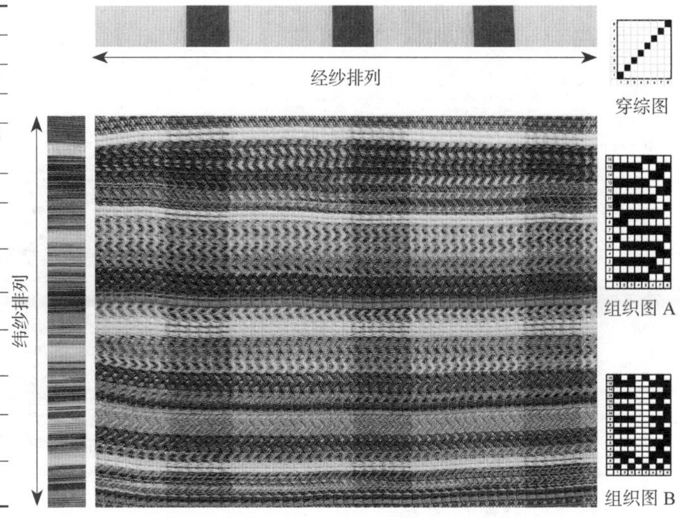

图 5-126 鸣沙踏歌 3（朱珀颐）

121. 作品名称：鸣沙踏歌 4

设计说明：鸣沙源于敦煌书记中的鸣沙山，踏歌是古代民间流行的舞蹈，在壁画中也颇为常见。织物借鉴敦煌壁画中的方形几何纹，和古典的配色，用方格的交错排列体现敦煌的美（图 5-127）。

综片数：8

筘号 × 穿入数：50×2

下机经密 × 下机纬密：220×260

经纱排列：（96A 48B）× 3 96A

纬纱排列：（21B 21A）× 2 7E 4F 4A 7D 5F 4B 6A 4D 4E 6B 2D 5A 5F 7E 6C 6F 7D 8A 7E 7C 8F 7E 8D 7A 8C 7E 8F 8D 7A 7D 8E

纱样经纱	样纱 / 成分	纱样纬纱	样纱 / 成分
A		A	
B		B	
C		C	
D		D	
E		E	
F		F	

穿综图

组织图 A

组织图 B

经纱排列

纬纱排列

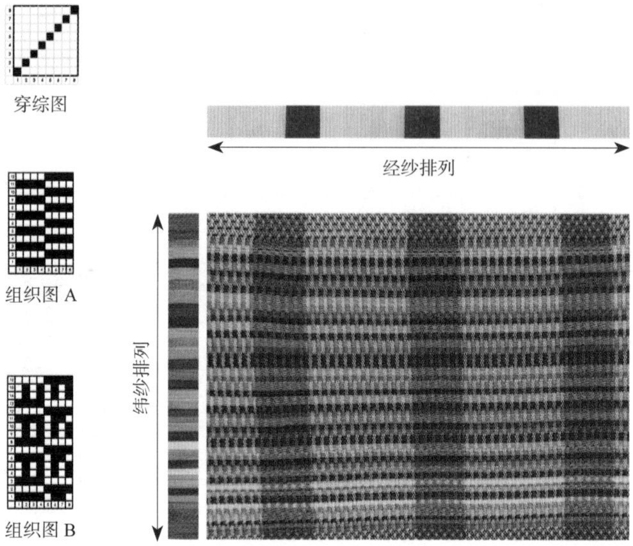

图 5-127 鸣沙踏歌 4（朱珀颐）

122. 作品名称：鸣沙踏歌 5

设计说明：鸣沙是敦煌遗书记中记载的鸣沙山，盛夏自鸣，是一种奇观。踏歌是古代民间流行的舞蹈，在敦煌壁画中也颇为常见。织物中横向的线条表达踏歌舞中优美的律动感，其中穿插彩色的具有立体感的组织与横向彩条相互交织，体现出敦煌壁画中舞女的婀娜形态（图 5-128）。

综片数：8

筘号 × 穿入数：50×2

下机经密 × 下机纬密：220×320

经纱排列：（96A 48B）× 3 96A

纬纱排列：32A 6B 6C 32B 6A 6C 6H 32D 6F（6A 32B 32E 6B 6A）× 3 48G

纱样经纱	样纱 / 成分	纱样纬纱	样纱 / 成分
A		A	
B		B	
C		C	
D		D	
E		E	
F		F	
G		G	
H		H	

经纱排列

穿综图

组织图 A

组织图 B

纬纱排列

图 5-128 鸣沙踏歌 5（朱珀颐）

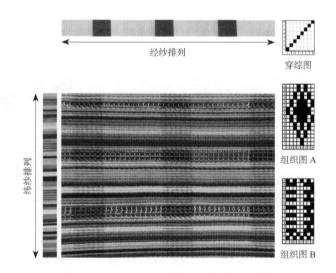

123. 作品名称：乱花迷人眼

设计说明：乱花渐欲迷人眼，春，破开了寒冷，从白与素中澎湃地生长出彩来。乱花，是在枝头随风摇曳的各式各样的花，不顾人来往嘈杂，只顾自己风姿绰约。阳光透过花的间隙，闪入人的眼中，迷了眼睛。花开花落，何去何从，这一直是人们伤春自问的话题（图5-129）。

综片数：8

箱号 × 穿入数：50 × 2

下机经密 × 下机纬密：220 × 380

经纱排列：（96A 48B）× 3 96A

纬纱排列：8G 3E 3B 9A 3E 5G 5A 5E 5H 3G 4F 12A 12C 4G 5E 6D 8H 7A 11G 5E 4B 5F 7H 8D 4G 8E 8A 10D 7E 7G 7F 8A 8H 12D 6B 6G 8E 8A 7H 6B 8G 8C 9F 7H 6B 8G 8C 9F 7H 7E 6G 6F 8H 8E 7A 8C

纱样经纱	样 / 成分	纱样纬纱	样 / 成分
A		A	
B		B	
C		C	
D		D	
E		E	
F		F	
G		G	
H		H	

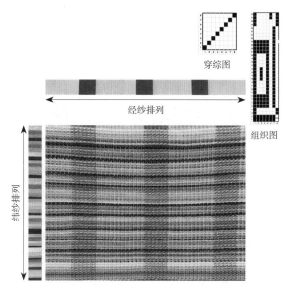

图 5-129　乱花迷人眼（冯嘉琪）

124. 作品名称：林中步晚

设计说明：漫步于林中，夜未深。林深处时，花的香幽然而出，惬意的风裹挟着花香翩然而至，给这份惬意的散步平添一份悠然，树影婆娑，月光静静地洒在地面，地面的水还未干，反射着月亮的光（图5-130）。

综片数：8

箱号 × 穿入数：50 × 2

下机经密 × 下机纬密：220 × 220

经纱排列：（96A 48B）× 3 96A

纬纱排列：（4B 4H）× 4 9E 9B 32C 18B 20G 10F 4E 5A 7E 8B 6A 8B 10H 15G 13F 17E 4B 249B' 24B 95B'（B' 为经纱纱样 B）

纱样经纱	样 / 成分	纱样纬纱	样 / 成分
A		A	
B		B	
C		C	
D		D	
E		E	
F		F	
G		G	
H		H	

图 5-130　林中步晚（冯嘉琪）

125. 作品名称：夏荷

设计说明：灵感来源于诗句"接天莲叶无穷碧，映日荷花别样红。"用强烈色彩对比的句子，描绘出一幅大红大绿、精彩绝艳的画面，三角形相串纹样象征着盛开的荷花（图5-131）。

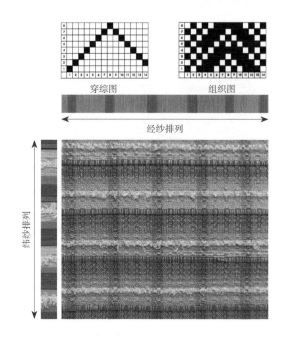

穿综图　　　　组织图

经纱排列

综片数：8			
筘号 × 穿入数：40×2			
下机经密 × 下机纬密：160×114			
经纱排列：42A 14B			
纬纱排列：10A 6B 4C 3D 4E 5F 1G			
纱样经纱	样纱 / 成分	纱样纬纱	样纱 / 成分
A		A	
B		B	
C		C	
D		D	
E		E	
F		F	
G		G	

图 5-131　夏荷（孙采怡）

126. 作品名称：夏日硕果

设计说明：灵感来自诗句"东园载酒西园醉，摘尽枇杷一树金"。黄绿的配色象征着夏日果农丰收的场景，描绘了园子里的枇杷果实累累，像金子一样垂坠在树上的景象（图5-132）。

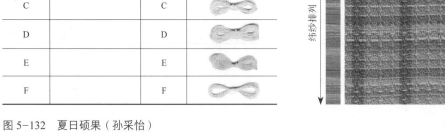

穿综图　　　　组织图

经纱排列

综片数：8			
筘号 × 穿入数：40×2			
下机经密 × 下机纬密：160×114			
经纱排列：42A 14B			
纬纱排列：6A 20B 8C 4D 6E 10F 6A 12B 6C 8D 8E 10F 6A 8B 4C 10D 10E 12F 6A 8B 6C 10D 8E 12F			
纱样经纱	样纱 / 成分	纱样纬纱	样纱 / 成分
A		A	
B		B	
C		C	
D		D	
E		E	
F		F	

图 5-132　夏日硕果（孙采怡）

127. 作品名称：秋

设计说明：充实的秋天像一位伟大的长者，虽然它不及春天的五彩缤纷，也比不上夏天的阳光明媚和冬天的银装素裹，但它慷慨地给予了人们深沉的回报（图5-133）。

纱样经纱	样纱／成分	纱样纬纱	样纱／成分
A		A	
B		B	
C		C	
D		D	
E		E	

综片数：8
筘号 × 穿入数：40×2
下机经密 × 下机纬密：160×147
经纱排列：42A 14B
纬纱排列：7A 5B 7C 6D 7C 5B 7A 5E

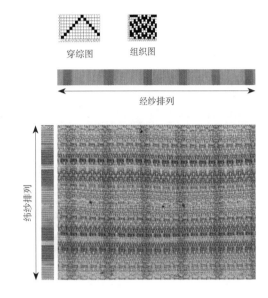

穿综图　　组织图

经纱排列

纬纱排列

图5-133　秋（陈慧琳）

128. 作品名称：初阳熹微

设计说明：灵感来源于初春的清晨，初阳熹微，丝丝寒气漫天，阳光照在粉紫色的花朵上，带来暖意。渐变的格纹图案更显春日的温柔，白色球状纱线增加了春日的趣味性（图5-134）。

纱样经纱	样纱／成分	纱样纬纱	样纱／成分
A		A	
B		B	
C		C	
D		D	
E		E	
F		F	

综片数：8
筘号 × 穿入数：40×2
下机经密 × 下机纬密：160×114
经纱排列：42A 14B
纬纱排列：16A 8B 16C 4D 12E 8F

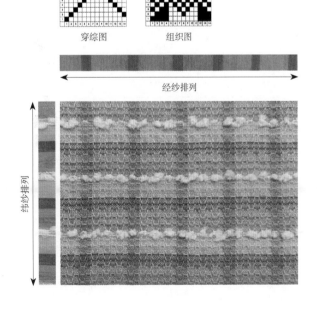

穿综图　　组织图

经纱排列

纬纱排列

图5-134　初阳熹微（孙采怡）

129. 作品名称：海岸夏日

设计说明：灵感来源于夏日的海边，灿烂的阳光照耀在湛蓝的海面上。蓝与橙的互补配色表现出浓郁的夏日氛围（图5-135）。

综片数：8			
筘号 × 穿入数：40×2			
下机经密 × 下机纬密：160×114			
经纱排列：42A 14B			
纬纱排列：（20A 12B 5C 11D 8E 4F）×2（20A 12B 5C 11D 10E 4F）×2			
纱样经纱	样纱/成分	纱样纬纱	样纱/成分
A		A	
B		B	
C		C	
D		D	
E		E	
F		F	

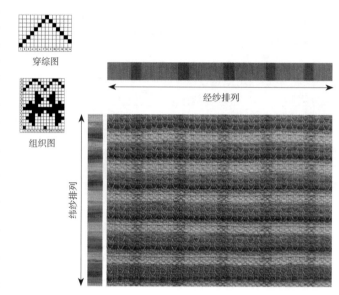

图5-135 海岸夏日（孙采怡）

130. 作品名称：落日更替

设计说明：春天的黄昏伴着刚抽出的新芽与湖面的游船荡漾在碧波上。夏天的黄昏会悄然地合拢满池的荷花，菡萏的蓬头在晚风中摇曳，招引那夜晚光临的萤火虫。秋天的黄昏将枫叶投射到红砖砌成的墙壁上。冬天的黄昏会将裸露的枝丫映照在地上，似一幅粗略的素描，不那么认真的笔触只留下一抹痕迹（图5-136）。

综片数：4			
筘号 × 穿入数：40×2			
下机经密 × 下机纬密：170×150			
经纱排列：1A 1B			
纬纱排列：6E 4D 4C 4A 2F 6B 6G 6B 2A			
纱样经纱	样纱/成分	纱样纬纱	样纱/成分
A		A	
B		B	
C		C	
D		D	
E		E	
F		F	
G		G	

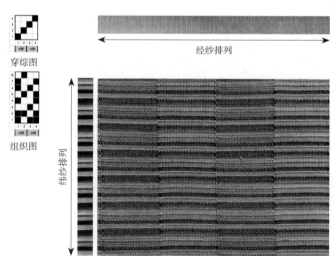

图5-136 落日更替（邓甜蓉）

131. 作品名称：彩色之梦

设计说明：初春的傍晚显得格外美丽，绚丽的彩霞映照着朵朵白云。太阳坠入西边的大山后，晚霞也在归巢的鸟声中，在袅袅的炊烟中，收起了最后一丝光芒（图5-137）。

综片数：4

筘号 × 穿入数：40 × 2

下机经密 × 下机纬密：170 × 120

经纱排列：1A 1B

纬纱排列：（2A 2E 4D 2F 2A 1B 2A 2D 4C 4A 2E）× 11 4D 2F

穿综图

组织图

纱样经纱	样纱 / 成分	纱样纬纱	样纱 / 成分
A		A	
B		B	
C		C	
D		D	
E		E	
F		F	

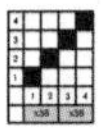

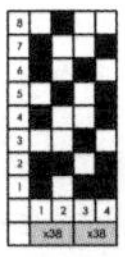

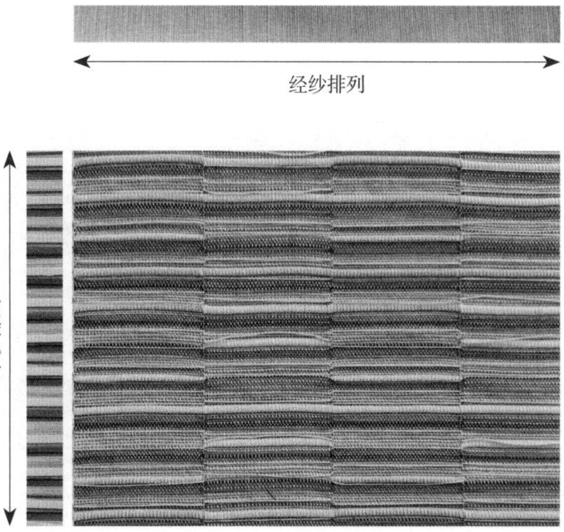

经纱排列

纬纱排列

图5-137 彩色之梦（邓甜蓉）

132. 作品名称：漫天云霞

设计说明：傍晚时，红红的太阳映照着云霞，缓缓地从天空往西边落下。晚霞总是与落日一同出现在日落红的天空下，绚丽的晚霞，渲染了整片天空。暮色渐近，残阳如血，点点金光，缓缓洒落地面。团团红云肆意染满天边，重重光影，悄然点亮世界，剩下光和希望（图5-138）。

综片数：4

筘号 × 穿入数：40 × 2

下机经密 × 下机纬密：170 × 90

经纱排列：1A 1B

纬纱排列：（2E 4D 2C 2B 1E 1B 1D 1A 1C 1B 1D 1B 1C 1A）× 9 2E 4D 2C 2B

穿综图

组织图

纱样经纱	样纱 / 成分	纱样纬纱	样纱 / 成分
A		A	
B		B	
C		C	
D		D	
E		E	

经纱排列

纬纱排列

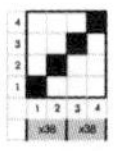

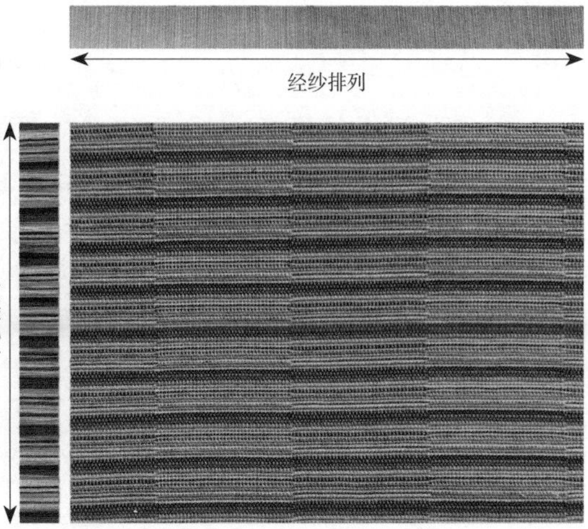

图5-138 漫天云霞（邓甜蓉）

133. 作品名称：睡莲

设计说明：灵感来源于莫奈的作品《睡莲》。清晨，星星点点的阳光照射在湖面。朵朵睡莲漂浮在水上，湖中荡漾着片片水草，此刻的光影仿佛加了柔光滤镜，摄人心魄（图5-139）。

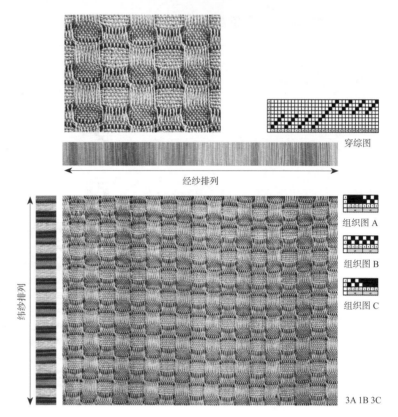

图 5-139　睡莲（朱茜婷）

134. 作品名称：深海浮生系列

设计说明：深海浮生系列以珊瑚水母为灵感，描绘海底的情景，水母透明的皮肤肌理，以蓝色为底色，将海底生物描绘在似与不似之间，将海底景象用五彩缤纷的纱线展现，融合时尚的配色和结构的变化进行了视觉上的呈现（图5-140～图5-144）。

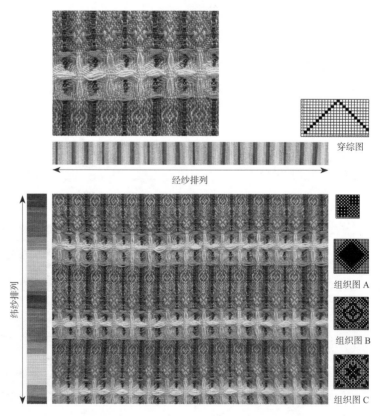

图 5-140　深海浮生 1（柯岩）

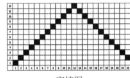

穿综图

组织图 A

组织图 B

组织图 C

经纱排列

纬纱排列

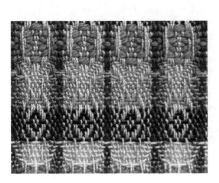

图 5-141　深海浮生 2（柯岩）

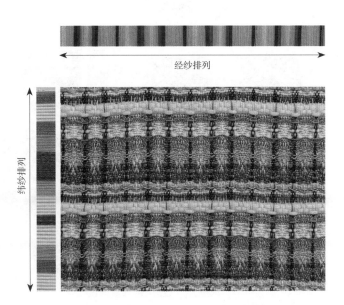

经纱排列

纬纱排列

综片数：12			
筘号 × 穿入数：40×2			
下机经密 × 下机纬密：160×196			
经纱排列：2A 3B 3C 2D 3E 2D 3C 3B 3A 7F 5D 7F 3A 7F 5E 7F 1A			
纬纱排列：10A 6B 4C 6B 10A 11C 11A 8D 6B 8D			

纱样经纱	样纱/成分	纱样纬纱	样纱/成分
A		A	
B		B	
C		C	
D		D	
E		E	
F		F	

图 5-142　深海浮生 3（柯岩）

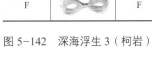

综片数：12

箱号 × 穿入数：40×2

下机经密 × 下机纬密：160×132

经纱排列：2A 3B 3C 2D 3E 2D 3C 3B 3A 7F 5D 7F 3A 7F 5E 7F 1A

纬纱排列：22A 22B 11A 11B 11C 11B

纱样经纱	样纱 / 成分	纱样纬纱	样纱 / 成分
A		A	
B		B	
C		C	
D		D	
E		E	
F		F	

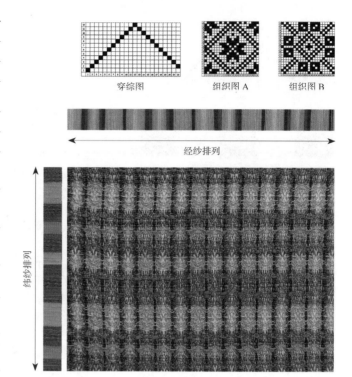

图 5-143　深海浮生 4（柯岩）

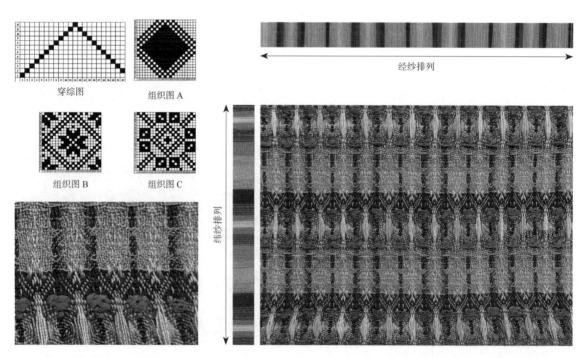

图 5-144　深海浮生 5（柯岩）

135. 作品名称：海浪之花

设计说明：海葵是海洋中极具特色的植物，色彩绚丽，部分顶端有球状体，极富层次感。该作品以蓝紫色为主色调，加入了绚丽的粉黄色，并混入了幻彩线，用富有立体感的蜂窝组织及形似球状的组织来表现（图5-145）。

综片数：12
筘号 × 穿入数：50×2
下机经密 × 下机纬密：200×147
经纱排列：2A 3B 3C 2D 3E 2D 3C 3B 3A 7F 5D 7F 3A 7F 5E 7F 1A
纬纱排列：4A 3B 3C 3D 3E 3F 6G 3F 3E 3D 3C 3B 4A 3H 3I 4J 4K 4L 8M 4L 4K 4J 3I 3H

纱样经纱	样纱/成分	纱样纬纱	样纱/成分
A		A	
B		B	
C		C	
D		D	
E		E	
F		F	
G		G	

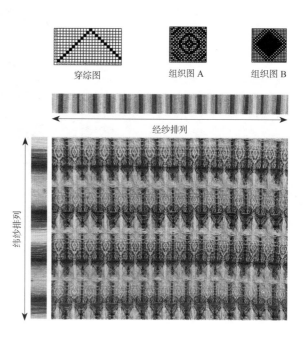

穿综图　　组织图A　　组织图B

经纱排列

纬纱排列

图5-145　海浪之花（周小琴）

136. 作品名称：海葵

设计说明：海葵是深海中的植物，富有层次感。该系列织物定位在秋冬，选取柔软并带有绒感的纱线，用蓝粉色表现海洋与海葵的相依相存（图5-146）。

综片数：8
筘号 × 穿入数：50×2
下机经密 × 下机纬密：200×107
经纱排列：2A 3B 3C 2D 3E 2D 3C 3B 3A 7F 5D 7F 3A 7F 5E 7F 1A
纬纱排列：6A 10B 6C 1D 10E 10F 1D 6C 10G 6A

纱样经纱	样纱/成分	纱样纬纱	样纱/成分
A		A	
B		B	
C		C	
D		D	
E		E	
F		F	
G		G	

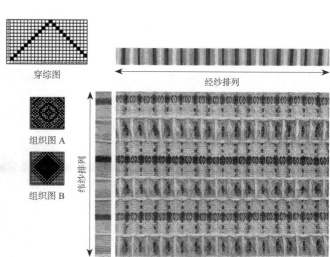

穿综图

组织图A

组织图B

经纱排列

纬纱排列

图5-146　海葵（周小琴）

137. 作品名称：海浪之下

设计说明：海总是闪闪发光，该作品用蓝紫色向黄粉色进行渐变，营造出海洋包裹着花的感觉，并在每组纬线中加入幻彩线，有一种闪着彩色光芒，如太阳照射的感觉（图5-147）。

综片数：12			
箱号 × 穿入数：50×2			
下机经密 × 下机纬密：200×154			
经纱排列：2A 3B 3C 2D 3E 2D 3C 3B 3A 7F 5D 7F 3A 7F 5E 7F 1A			
纬纱排列：5A 5B 4C 4D 4E 5F 5E 4D 4C 4B 7A 7B 7C 7D 7E 7F			
纱样经纱	样纱/成分	纱样纬纱	样纱/成分
A		A	
B		B	
C		C	
D		D	
E		E	
F		F	

穿综图

组织图 A

组织图 B

经纱排列

纬纱排列

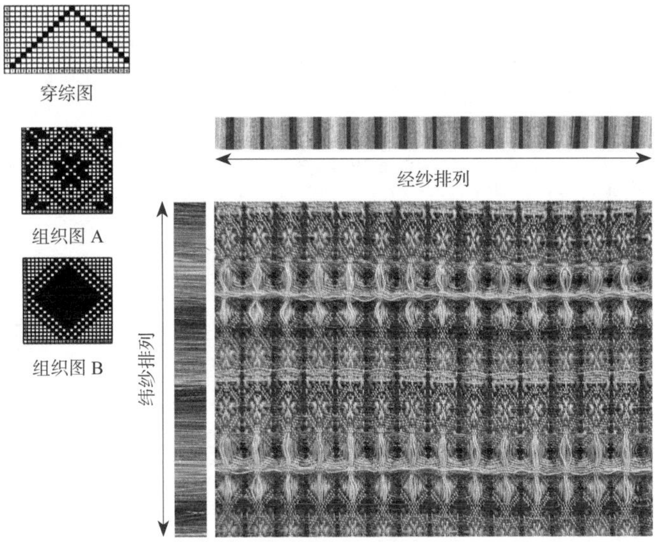

图 5-147　海浪之下（周小琴）

138. 作品名称：谧

设计说明：该作品通过墨绿与深蓝色的覆盖，表达一种热带雨林的神秘与静谧的氛围。通过暖色调的纱线调和大自然之美（图5-148）。

综片数：12			
箱号 × 穿入数：50×2			
下机经密 × 下机纬密：200×205			
经纱排列：2A 3B 3C 2D 3E 2D 3C 3B 3A 7F 5D 7F 3A 7F 5E 7F 1A			
纬纱排列：11A 22B 11A 11C 22D 11C 11B 11C 22A			
纱样经纱	样纱/成分	纱样纬纱	样纱/成分
A		A	
B		B	
C		C	
D		D	
E		E	
F		F	

穿综图　　　组织图 A　　　组织图 B　　　组织图 C

经纱排列

纬纱排列

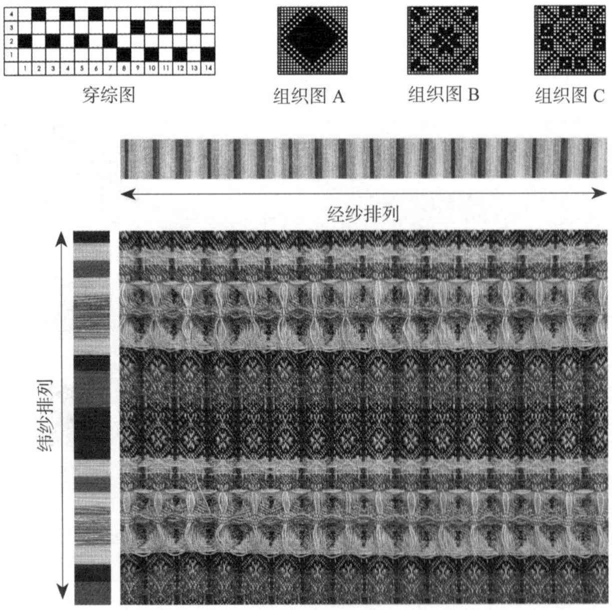

图 5-148　谧（唐凌晰）

139. 作品名称：树柱

设计说明：该作品灵感来源于热带雨林树蔓的色彩。高耸的树干如同一根根大自然的顶梁柱，挺拔的树干传递着天与地之间的神秘（图5-149）。

综片数：12

筘号 × 穿入数：50×2

下机经密 × 下机纬密：200×176

经纱排列：2A 3B 3C 2D 3E 2D 3C 3B 3A 7F 5D 7F 3A 7F 5E 7F 1A

纬纱排列：8A 6B 16C 6B 8A 8D 6C 16D 6C 8D 11C 11A 8B 6A 8B 11D 22A 11D

纱样经纱	样纱 / 成分	纱样纬纱	样纱 / 成分
A		A	
B		B	
C		C	
D		D	
E		E	
F		F	

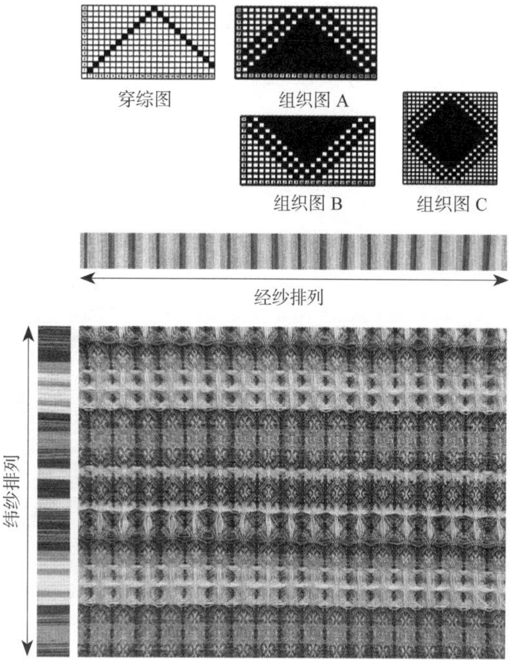

穿综图　组织图 A

组织图 B　组织图 C

经纱排列

纬纱排列

图 5-149　树柱（唐凌晰）

140. 作品名称：坠落

设计说明：坠落于虚幻甜美的梦境中，玫瑰花瓣和黄色花朵的树枝，画面中充满诗意的时空隧道，产生了错综复杂的、神秘的视觉效果，虚实难辨（图5-150）。

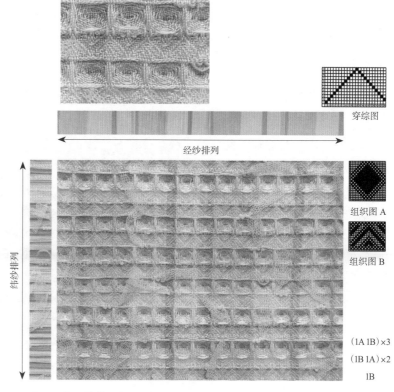

穿综图

经纱排列

纬纱排列

组织图 A

组织图 B

(1A 1B)×3

(1B 1A)×2

1B

图 5-150　坠落（杨天昕）

141.作品名称：影

设计说明：科学领域里，梦是潜意识的想象，而在不清醒的梦里醒来，往往会丢失了具体的章节，将遗留的情绪状态，用抽象影像还原抽象思维，找寻自我的梦境符号和超现实的觉醒与自由（图5-151）。

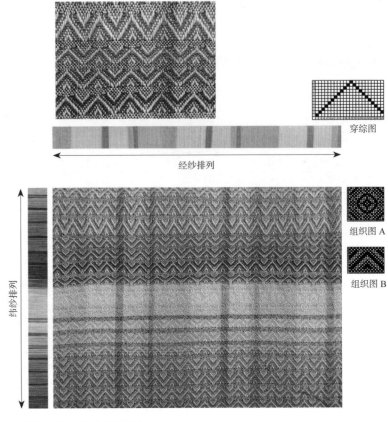

图5-151 影（杨天昕）

142.作品名称：绮丽之梦

设计说明：创作灵感源于梦中的蓝粉天空，有一片粉红海域，波光粼粼之下散发着光芒的人鱼，她粉紫色的哀愁和浪漫幻想诉说着绮丽之梦（图5-152）。

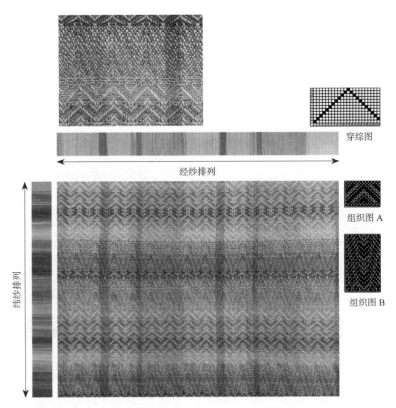

图5-152 绮丽之梦（杨天昕）

143. 作品名称：天空之城

设计说明：用柔和的色彩描绘梦境中的天空之城，在物质感与无意识之间寻求平衡，一切表达像首浪漫朦胧的小诗（图5-153）。

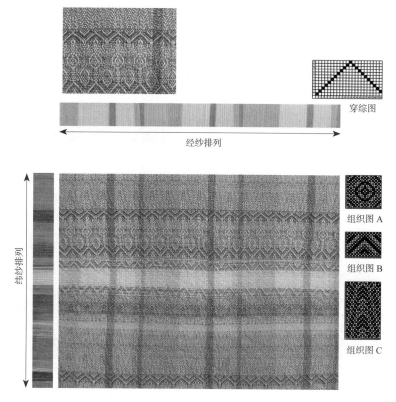

图 5-153　天空之城（杨天昕）

144. 作品名称：丛林秘境·幻系列

设计说明：进入迷幻丛林中，四处充斥着奇异的感受，诡异怪诞的色调，是丛林秘境中奇妙的发现。超越常规认识的奇特植物，给人以怪诞、麻木、诡异。暗色调和高饱和的碰撞，是丛林深处的未知在向人们宣泄，这种尖锐且张扬的魅力是迷幻且危险的（图5-154～图5-162）。

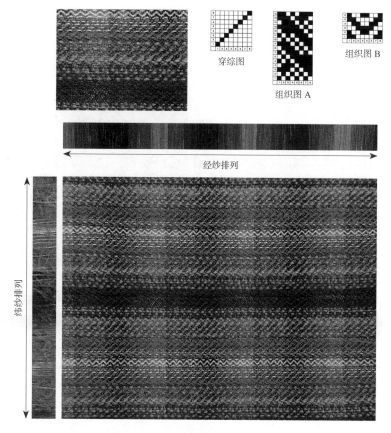

图 5-154　丛林秘境·幻 1（姜涛）

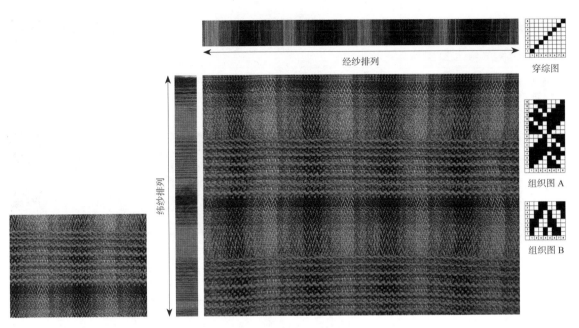

图 5-155　丛林秘境·幻 2（姜涛）

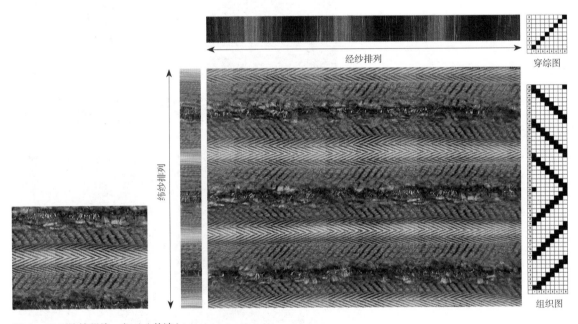

图 5-156　丛林秘境·幻 3（姜涛）

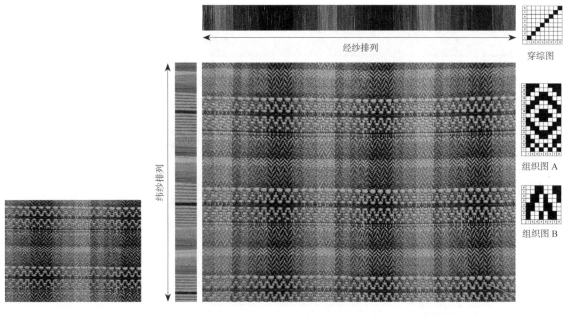

经纱排列

穿综图

组织图 A

组织图 B

纬纱排列

图 5-157 丛林秘境·幻 4（姜涛）

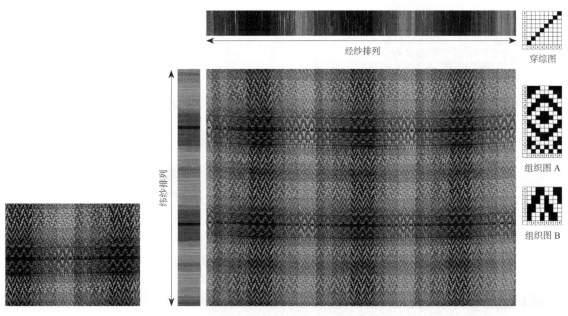

经纱排列

穿综图

组织图 A

组织图 B

纬纱排列

图 5-158 丛林秘境·幻 5（姜涛）

经纱排列

穿综图

组织图 A

组织图 B

纬纱排列

图 5-159　丛林秘境·幻 6（姜涛）

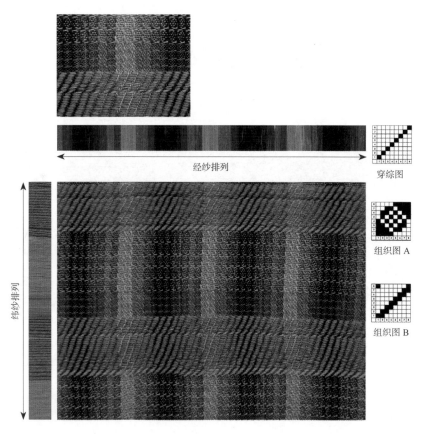

经纱排列

穿综图

组织图 A

组织图 B

纬纱排列

图 5-160　丛林秘境·幻 7（姜涛）

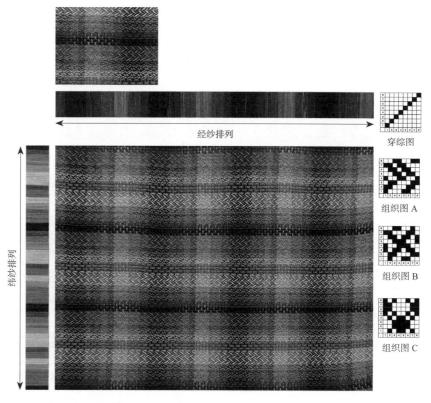

经纱排列

穿综图

组织图 A

组织图 B

组织图 C

纬纱排列

图 5-161　丛林秘境·幻 8（姜涛）

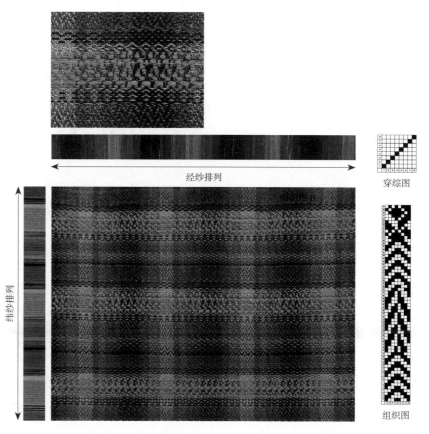

经纱排列

穿综图

纬纱排列

组织图

图 5-162　丛林秘境·幻 9（姜涛）

145. 作品名称：愈

设计说明：花之色，粉与白交错相宜，浓与淡相得益彰。花之香，沁人心脾，使人烦闷顿消，忘却尘劳，仿佛超然于世外（图5-163）。

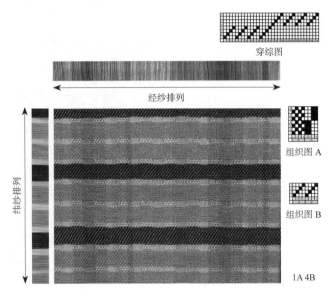

综片数：8			
筘号 × 穿入数：40×2			
下机经密 × 下机纬密：160×142			
经纱排列：8A 12C（1C 1D）×12 20D（1D 1E）×12（1C 1F）×36 12C（1C 1B）×16 16B（1C 1B）×16 8C（1C 1F）×12 8C			
纬纱排列：8A 16B 8A 16C 8A 16D			
纱样经纱	样纱／成分	纱样纬纱	样纱／成分
A		A	
B		B	
C		C	
D		D	
E		E	
F		F	

图 5-163　愈（白紫薇）

146. 作品名称：认知于花

设计说明：人类从个人角度认识到花本身，它的形态颜色给人美好的感受，一簇簇的花朵，各种颜色交织，中心的花蕊与之呼应，让人感受到它们澎湃的激情（图5-164）。

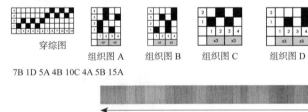

综片数：4			
筘号 × 穿入数：50×2			
下机经密 × 下机纬密：200×233			
经纱排列：40A 12B 10C 18D 10C 20E 10C 12B			
纬纱排列：30A 20B 8A 8C 20B 16A 4C 8A 8C 60B			
纱样经纱	样纱／成分	纱样纬纱	样纱／成分
A		A	
B		B	
C		C	
D		D	
E		E	

7B 1D 5A 4B 10C 4A 5B 15A

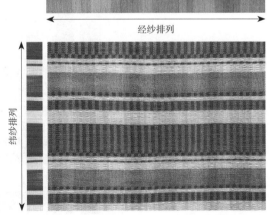

图 5-164　认知于花（白紫薇）

147. 作品名称：光

设计说明：该作品用不同明度的黄色模拟光线的样子，渐变的黄色光线，照射入雨林的大地（图5-165）。

综片数：4
筘号 × 穿入数：40×2
下机经密 × 下机纬密：160×154
经纱排列：36A 20B 17C 9A 6C 6D 18C
纬纱排列：6A 8B 10C 8D 8E 3D 17C 14B 6A

纱样经纱	样纱/成分	纱样纬纱	样纱/成分
A		A	
B		B	
C		C	
D		D	
E		E	

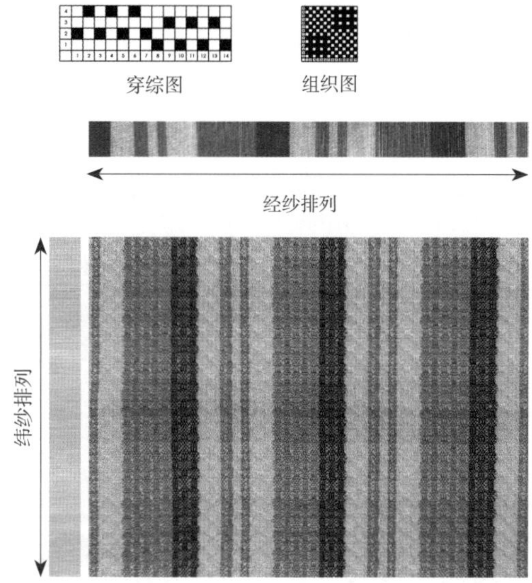

穿综图　　组织图

经纱排列

纬纱排列

图5-165　光（唐凌晰）

148. 作品名称：枝与虫

设计说明：该作品灵感来源于热带雨林里树干与迷离的动物互相依存爬行的样子。红紫色的虫与绿色的树枝交融（图5-166）。

综片数：4
筘号 × 穿入数：40×2
下机经密 × 下机纬密：160×191
经纱排列：36A 20B 17C 9A 6C 6D 18C
纬纱排列：7A 1B 13C 21B 28A

纱样经纱	样纱/成分	纱样纬纱	样纱/成分
A		A	
B		B	
C		C	
D		D	

穿综图　　组织图

经纱排列

纬纱排列

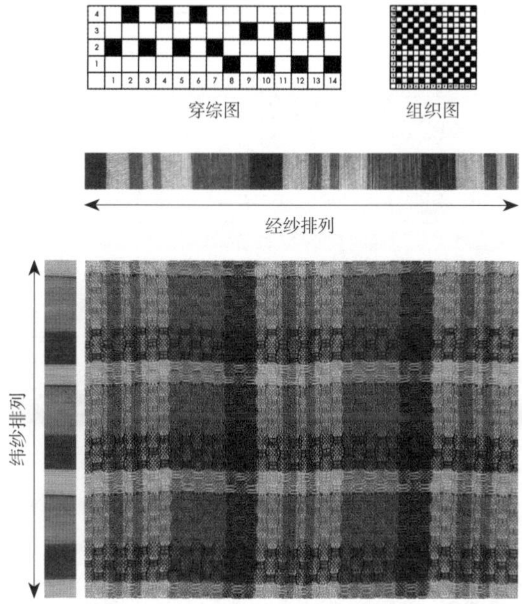

图5-166　枝与虫（唐凌晰）

149. 作品名称：流

设计说明：热带雨林中蓝紫色湖泊的光芒，采用透孔组织，表现出湖水的波纹，采用绿深色的纬纱，表达出湖泊中交错的树干（图5-167）。

综片数：4			
筘号 × 穿入数：40×2			
下机经密 × 下机纬密：160×156			
经纱排列：36A 20B 17C 9A 6C 6D 18C			
纬纱排列：12A 6B 12C 6D 4A 6C 4D			
纱样经纱	样纱 / 成分	纱样纬纱	样纱 / 成分
A		A	
B		B	
C		C	
D		D	

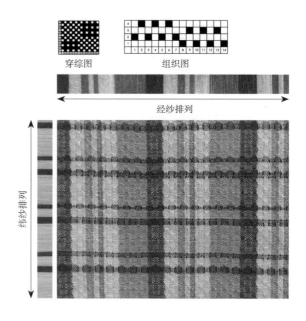

图 5-167　流（唐凌晰）

150. 作品名称：幻虫

设计说明：该作品灵感来源于热带雨林里粉红虫的外观。幻彩的红紫色中夹杂着些黑色线条，符合热带雨林的迷幻危险的气质（图5-168）。

综片数：4			
筘号 × 穿入数：40×2			
下机经密 × 下机纬密：160×186			
经纱排列：36A 20B 17C 9A 6C 6D 18C			
纬纱排列：14A 1B 5C 2D 5C 1B 14A 1C 5B 2D 5B 1C			
纱样经纱	样纱 / 成分	纱样纬纱	样纱 / 成分
A		A	
B		B	
C		C	
D		D	

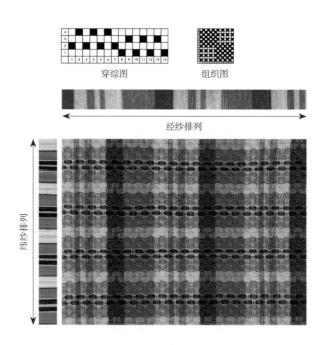

图 5-168　幻虫（唐凌晰）

151. 作品名称：晚森

设计说明：在莫奈花园中的夜晚，那一抹绿渐渐黯淡下去，整个森林像是被蒙上了紫白色纱，神秘而美丽，尤其是鸢尾花，在夜光下呈现出漂亮的紫色（图5-169）。

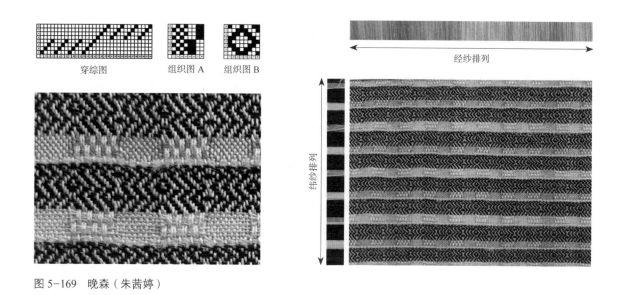

穿综图　　　组织图A　　　组织图B

经纱排列

纬纱排列

图5-169　晚森（朱茜婷）

152. 作品名称：海葵

设计说明：海葵多是黄粉色系，富有层次感，部分顶端有圆球状体，该作品采用白色结籽线模拟海葵顶端结构，色彩排列上运用渐变色，海葵飘逸轻盈，用马海毛表现其轻盈质感（图5-170）。

综片数：8
箱号 × 穿入数：40×2
下机经密 × 下机纬密：160×152
经纱排列：1A 1B
纬纱排列：8A 8B 8C 4D 8E 14D 7C 7B 9A 7F

纱样经纱	样纱/成分	纱样纬纱	样纱/成分
A		A	
B		B	
C		C	
D		D	
E		E	
F		F	

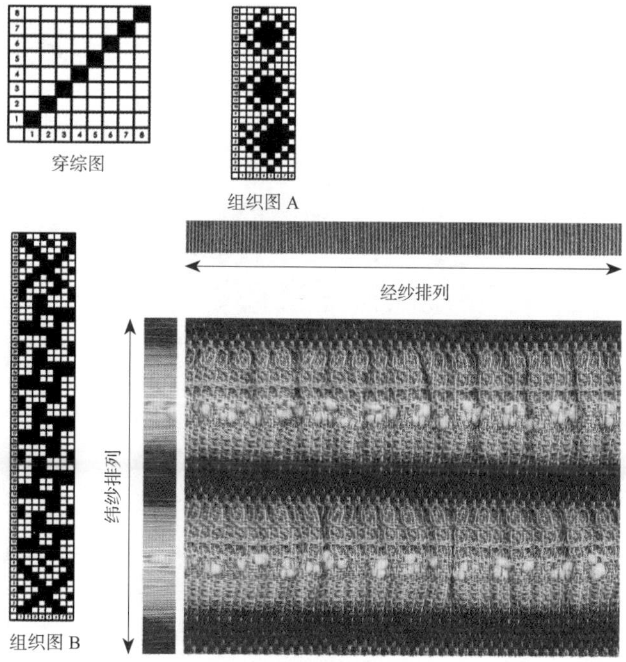

穿综图

组织图A

组织图B

经纱排列

纬纱排列

图5-170　海葵（周小琴）

153. 作品名称：清梦

设计说明：灵感来源于平静夏日午后的一场柔软梦境，那里有细碎的阳光自然倾洒，使人想要躺在那漫山遍野的繁花和微风中，时光清浅，安然自在，以柔和的色彩描绘春夏清梦（图5-171）。

综片数：12
筘号 × 穿入数：50×2
下机经密 × 下机纬密：200×199
经纱排列：8B 6C 30B 20A 40D 10C 26D
纬纱排列：3B 1C 1B 2C 4D 1A 1D 24A（1D 1A）×3 4D 2C 1B 1C 6B 1C 1B 2C 4D 1A 1D 24E（1D 1A）×3 4D 2C 1B 1C 3B 26B 1C 1B 2C 4D 1A 1D 26A 1D 1A 4D 2C 1B 1C

纱样经纱	样纱 / 成分	纱样纬纱	样纱 / 成分
A		A	
B		B	
C		C	
D		D	

穿综图

组织图 A

组织图 B

经纱排列

纬纱排列

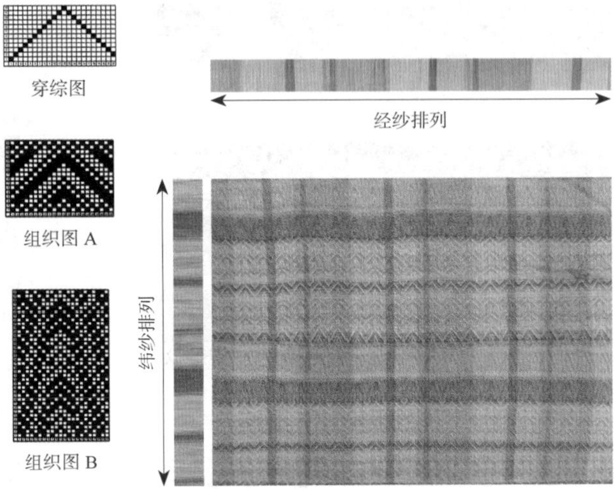

图 5-171　清梦（杨天昕）

154. 作品名称：梦

设计说明：走进光怪陆离的梦中世界，梦境的色彩异常鲜明，令人目眩神迷，将它们转换在面料上，去展示丰富的情感和情绪（图5-172）。

综片数：12
筘号 × 穿入数：50×2
下机经密 × 下机纬密：200×236
经纱排列：8B 6C 30B 20A 40D 10C 26D
纬纱排列：2A 1B 1A 3B 1E 1C 15E（1F 1E）×2 1F 1G 1F 10G 1H 1G 8H 1E 1H 2E 1H 7D 1C 1D 11C 17E 2B 2E 4B（1A 1B）×2 5C 7D（1H 1E）×2 12H（1G 1H）x2 8G（1F 1G）×2 17F

纱样经纱	样纱 / 成分	纱样纬纱	样纱 / 成分
A		A	
B		B	
C		C	
D		D	
E		E	
F		F	
G		G	
H		H	

穿综图

组织图 A

组织图 B

组织图 C

经纱排列

纬纱排列

图 5-172　梦（杨天昕）

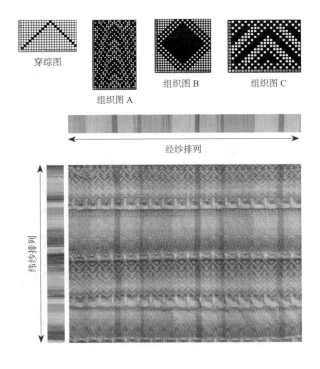

155.作品名称：日出印象

设计说明：灵感来源于莫奈的画作《日出·印象》。在莫奈的画笔下，河上的日出变得丰富多彩起来，那些光影中最微妙的变化都逃不过他的眼睛，温柔的色彩直击我的心灵（图5-173）。

综片数：8
箱号 × 穿入数：40×2
下机经密 × 下机纬密：160×95
经纱排列：8A 12C（1C 1D）×12 20D（1D 1E）×12（1C 1F）×36 12C（1C 1B）×16 16B（1C 1B）×16 8C（1C 1F）×12 8C
纬纱排列：10A（1B 1A）×5 13B 2C 3A 2C 3B（1A 1C）×6 4C 5A 5C 11B 10C（1B 3C）×2（1B 2C）×3（1B 1C）×4（1B 1A）×6 8A（1B 1A）×6 5B 3C 5B

纱样经纱	样纱/成分	纱样纬纱	样纱/成分
A		A	
B		B	
C		C	
D		D	
E		E	
F		F	

穿综图　组织图　经纱排列

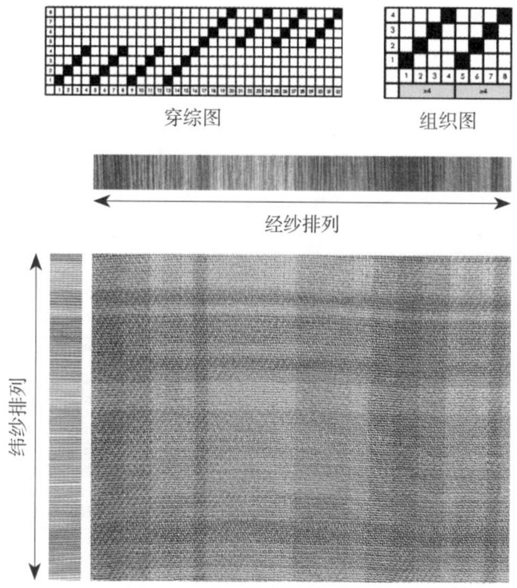

图5-173　日出印象（朱茜婷）

156.作品名称：浪

设计说明：作品灵感源于莫奈在他的一些画作中的线条与笔触，时而欢快活泼，时而平和沉稳，配合着极具层次感的笔触，光影，正是由这些组成（图5-174）。

综片数：8
箱号 × 穿入数：40×2
下机经密 × 下机纬密：160×130
经纱排列：8A 12C（1C 1D）×12 20D（1D 1E）×12（1C 1F）×36 12C（1C 1B）×16 16B（1C 1B）×16 8C（1C 1F）×12 8C
纬纱排列：8A 2C 4B 4D 2C 4D 4B 2C

纱样经纱	样纱/成分	纱样纬纱	样纱/成分
A		A	
B		B	
C		C	
D		D	
E		E	
F		F	

穿综图　组织图A　组织图B
组织图C　组织图D　1A 1C 2B 1C 2D 1C
经纱排列

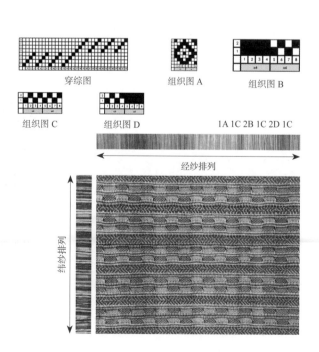

图5-174　浪（朱茜婷）

157. 作品名称：紫雾

设计说明："大气真正的颜色，是紫色"，莫奈作为印象派画家的代表，深深地迷恋紫色，常大胆地以紫色作为主色调来创作，他相信紫色作为金色阳光的互补色，能让大自然更具生命力（图5-175）。

综片数：8

筘号 × 穿入数：40 × 2

下机经密 × 下机纬密：160 × 199

经纱排列：8A 12C（1C 1D）× 12 20D（1D 1E）× 12（1C 1F）× 36 12C（1C 1B）× 16 16B（1C 1B）× 16 8C（1C 1F）× 12 8C

纬纱排列：8A 8B 2C 3D 8A 8B 3C 4D 8A 8B 4C 5D 8A 8B 5C 6D 8A 8B 6C 7D 8A 8B 7C 8D 8A 8B 8C 9D 8A 8B 9C 10D

纱样经纱	样纱/成分	纱样纬纱	样纱/成分
A		A	
B		B	
C		C	
D		D	
E		E	
F		F	

穿综图　组织图A　组织图B

组织图C

1A 1C 1D 1A 1D 1B 1A 1B 1C
1D 1A 1C 3D 1A 3D 1B 1A 3B
1D 1A 3B 1C 1D 1A 4B 1D

组织图D

经纱排列

纬纱排列

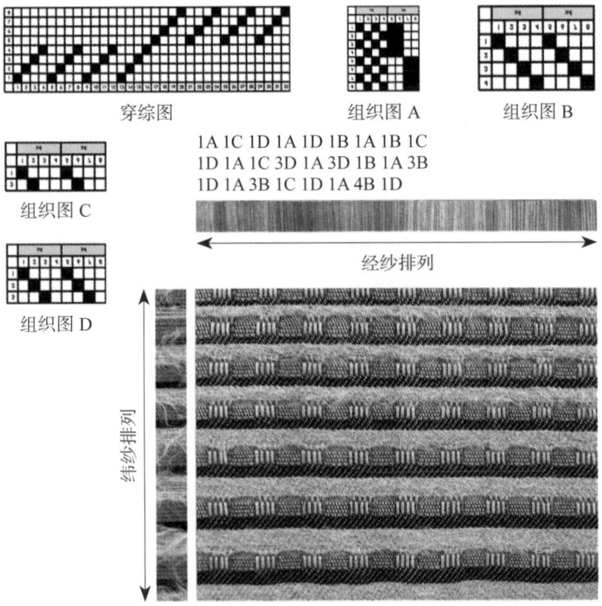

图5-175　紫雾（朱茜婷）

158. 作品名称：黎明海

设计说明：灵感来自莫奈笔下的海，通过变化的笔触，朦胧的色彩，将清晨的海景定格，将转瞬即逝的美景转化为永恒，这个作品想体现的是一种发自内心的柔软纯净（图5-176）。

综片数：8

筘号 × 穿入数：40 × 2

下机经密 × 下机纬密：160 × 116

经纱排列：8A 12C（1C 1D）× 12 20D（1D 1E）× 12（1C 1F）× 36 12C（1C 1B）x16 16B（1C 1B）× 16 8C（1C 1F）× 12 8C

纬纱排列：8A 8B 8C 8B 2A 8B 8C 8B 8A

纱样经纱	样纱/成分	纱样纬纱	样纱/成分
A		A	
B		B	
C		C	
D		D	
E		E	
F		F	

穿综图　组织图A　组织图B

组织图C

组织图D

经纱排列

纬纱排列

3C 4B 4A 1D 4B 4A

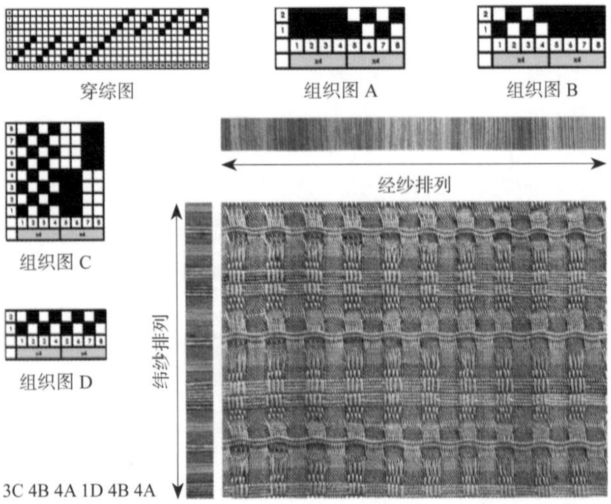

图5-176　黎明海（朱茜婷）

159. 作品名称：鸢尾花

设计说明："我会成为画家，也许是拜花所赐"，莫奈一生都爱花，日光下，紫色的鸢尾花扭曲着，舞蹈着，处处展现着生机与活力，在无人的夜，花朵们跳着舞，在发光、发亮（图5-177）。

综片数：8
筘号 × 穿入数：40×2
下机经密 × 下机纬密：160×120
经纱排列：8A 12C（1C 1D）×12 20D（1D 1E）×12（1C 1F）×36 12C（1C 1B）×16 16B（1C 1B）×16 8C（1C 1F）×12 8C
纬纱排列：（8B 1D 8A 1C）×3 24B 16D 16C 16D 24B（8B 1D 8A 1C）×3

纱样经纱	样纱/成分	纱样纬纱	样纱/成分
A		A	
B		B	
C		C	
D		D	
E		E	
F		F	

穿综图　　组织图 A　　组织图 B　　组织图 C

组织图 D　　（4A 1B 4C）×6 8B 8D 8B

经纱排列

纬纱排列

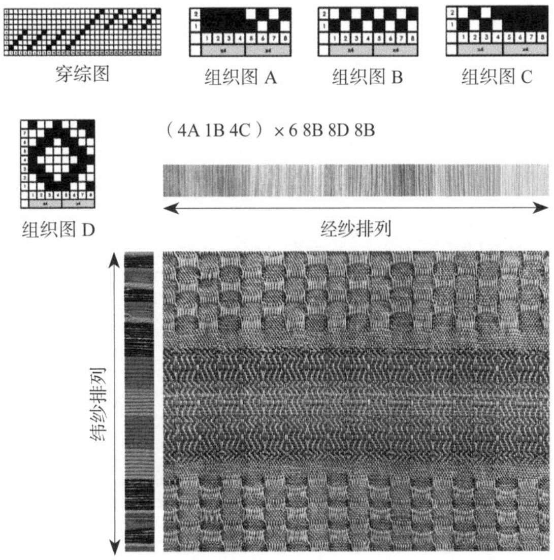

图5-177　鸢尾花（朱茜婷）

160. 作品名称：永生

设计说明：花卉生命中的每个阶段都是美丽的，甚至当它枯萎的时候，也是动人的。对爱花人来说，花的生命开始与结束并不重要，重要的是每个阶段的它带来的美好，会永远保存在人们心中（图5-178）。

综片数：8
筘号 × 穿入数：40×2
下机经密 × 下机纬密：160×124
经纱排列：8A 12C（1C 1D）×12 20D（1D 1E）×12（1C 1F）×36 12C（1C 1B）×16 16B（1C 1B）×16 8C（1C 1F）×12 8C
纬纱排列：24A 8B 16C 8B

纱样经纱	样纱/成分	纱样纬纱	样纱/成分
A		A	
B		B	
C		C	
D		D	
E		E	
F		F	

穿综图　　组织图 A　　组织图 B　　组织图 C

4A 1B 4C 1B

经纱排列

纬纱排列

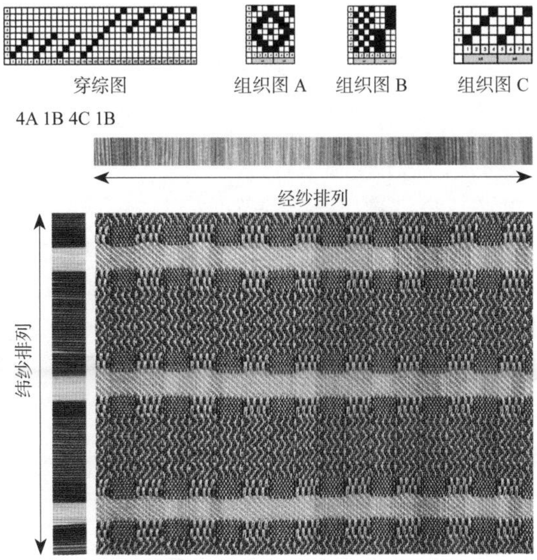

图5-178　永生（白紫薇）

161. 作品名称：花的象征

设计说明：伦勃朗的作品《扮作花神的沙斯姬亚》，将深爱的妻子沙斯姬亚扮成头顶鲜花的古罗马花神，花神象征着春天、美丽、母性、生殖力量，女性身上正具有这些天赐的力量（图5-179）。

综片数：8
筘号 × 穿入数：40×2
下机经密 × 下机纬密：160×150
经纱排列：8A 12C（1C 1D）×12 20D（1D 1E）×12（1C 1F）×36 12C（1C 1B）×16 16B（1C 1B）×16 8C（1C 1F）×12 8C
纬纱排列：8A 8B 8A 8C 8A 28B 8A 28C

纱样经纱	样纱/成分	纱样纬纱	样纱/成分
A		A	
B		B	
C		C	
D		D	
E		E	
F		F	

穿综图

1C 1B 1E 1B 1A 1B 1E 1B
1C 1B 3D 1B 1A 1B 3D 1B

经纱排列

纬纱排列

组织图 A
组织图 B
组织图 C
组织图 D
组织图 E

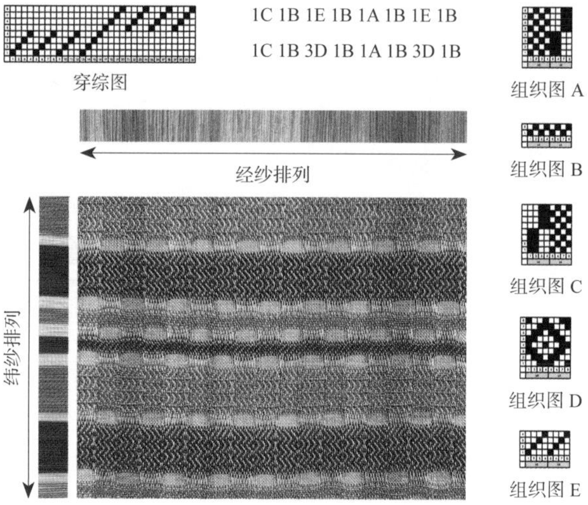

图5-179 花的象征（白紫薇）

162. 作品名称：超越

设计说明：灵感来源于"玫瑰是一朵玫瑰"，这句诗提醒我们，后人创造的意义超过玫瑰本身。无论是西方还是东方的女性艺术家，都在对花的描绘和创作中证明了花经久不衰的魅力，她们的作品超越了美丽的支配，是沉思和灵感的结晶（图5-180）。

综片数：8
筘号 × 穿入数：40×2
下机经密 × 下机纬密：160×153
经纱排列：8A 12C（1C 1D）×12 20D（1D 1E）×12（1C 1F）×36 12C（1C 1B）×16 16B（1C 1B）×16 8C（1C 1F）×12 8C
纬纱排列：8A 16B 8A 12C 8A 7B 8A 12C

纱样经纱	样纱/成分	纱样纬纱	样纱/成分
A		A	
B		B	
C		C	
D		D	
E		E	
F		F	

穿综图

1A 4B 1A 1C 1D 1A 1B 1E 1A 1C 1

经纱排列

纬纱排列

组织图 A
组织图 B
组织图 C
组织图 D
组织图 E

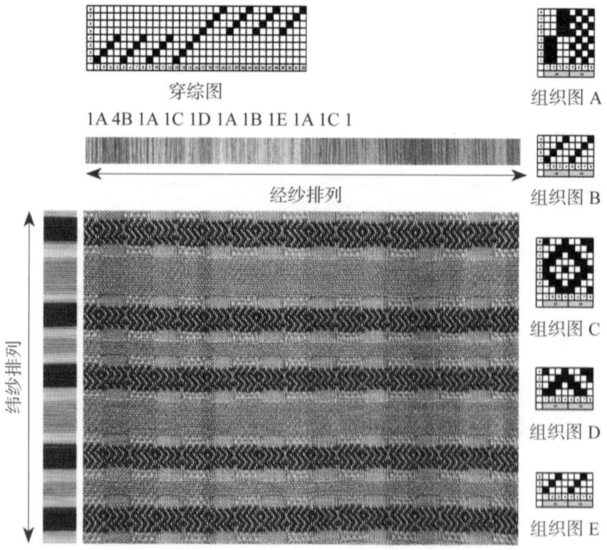

图5-180 超越（白紫薇）

163. 作品名称：共生

设计说明：花是大自然给予我们的礼物，与它共生，方能发现它的美丽，在细心观察、欣赏它时，它也会给予我们创作的灵感，体会到大自然带给我们的力量（图5-181）。

综片数：8

筘号 × 穿入数：40×2

下机经密 × 下机纬密：160×132

经纱排列：8A 12C（1C 1D）×12 20D（1D 1E）×12（1C 1F）×36 12C（1C 1B）×16 16B（1C 1B）×16 8C（1C 1F）×12 8C

纬纱排列：8A（1B 1C）×7（1B 2C）×6 16C 24B 8A 24C 8B 2C

纱样经纱	样纱/成分	纱样纬纱	样纱/成分
A		A	
B		B	
C		C	
D		D	
E		E	
F		F	

穿综图　组织图A　组织图B　组织图C

组织图D

1A 12B 3C 1A 1D

经纱排列

纬纱排列

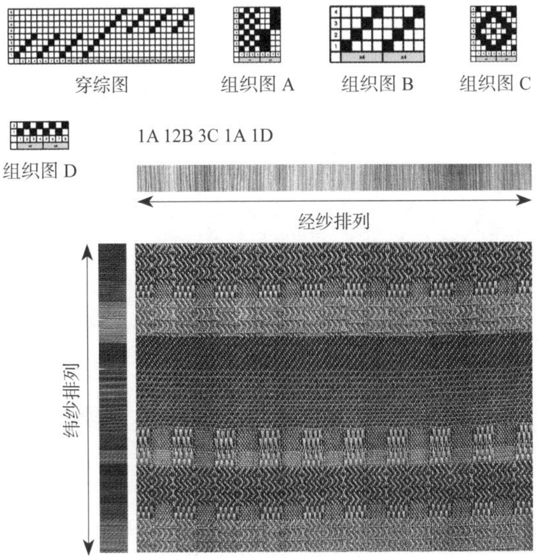

图5-181　共生（白紫薇）

164. 作品名称：归

设计说明：印象派艺术大师莫奈有一句名言："我必须拥有鲜花，永远、永远……"古往今来，美丽多彩的花卉始终是艺术家们热衷的创作题材之一。目前的花卉设计风格更倾向于自然外观，而非人造外观。回归原始自然，感受自然的魅力（图5-182）。

综片数：8

筘号 × 穿入数：40×2

下机经密 × 下机纬密：160×153

经纱排列：8A 12C（1C 1D）×12 20D（1D 1E）×12（1C 1F）×36 12C（1C 1B）×16 16B（1C 1B）×16 8C（1C 1F）×12 8C

纬纱排列：24A 8B 2C 8D 8B 2C

纱样经纱	样纱/成分	纱样纬纱	样纱/成分
A		A	
B		B	
C		C	
D		D	
E		E	
F		F	

穿综图　组织图A　组织图B　组织图C

3A 1B 1C

经纱排列

纬纱排列

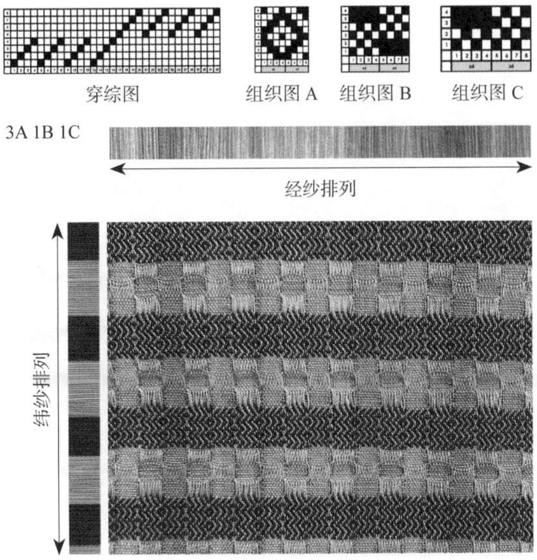

图5-182　归（白紫薇）

165. 作品名称：花的力量

设计说明：从古到今，女性都与鲜花、自然有关，女性开始用花来传递她们的感情和情绪，这是一个女性开始更加独立和更加自由地表达自己的时代。随着时代的进步，鲜花依然是女性力量和灵感的来源，女性背后隐藏着花的力量（图5-183）。

综片数：8

筘号 × 穿入数：40×2

下机经密 × 下机纬密：160×142

经纱排列：8A 12C（1C 1D）×12 20D（1D 1E）×12（1C 1F）×36 12C（1C 1B）×16 16B（1C 1B）×16 8C（1C 1F）×12 8C

纬纱排列：24A 18B 8C 16B 4A 20B 16C 4B

纱样经纱	样纱 / 成分	纱样纬纱	样纱 / 成分
A		A	
B		B	
C		C	
D		D	
E		E	
F		F	

穿综图　组织图A　组织图B　组织图C

组织图D

6A 6C 1B 2D 1F 4F 1G 2D 2B 4A 4C 2D

经纱排列

组织图E

组织图F　纬纱排列

组织图G

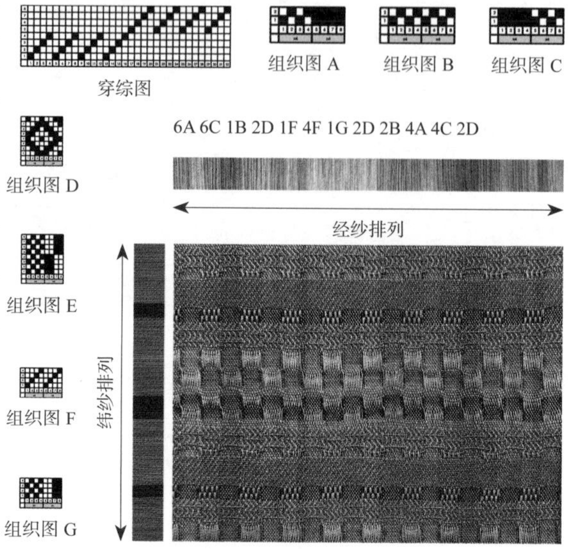

图5-183　花的力量（白紫薇）

166. 作品名称：形韵

设计说明：灵感来源于花的形态，花瓣边缘处弯曲，并且有细丝纹理，卷曲程度不一，或曲或直，其形态神韵耐人寻味（图5-184）。

综片数：8

筘号 × 穿入数：40×2

下机经密 × 下机纬密：160×134

经纱排列：8A 12C（1C 1D）×12 20D（1D 1E）×12（1C 1F）×36 12C（1C 1B）×16 16B（1C 1B）×16 8C（1C 1F）×12 8C

纬纱排列：4A 4B 16C（1B 2C）×5 17B 16A 16B 16A 4B 4A

纱样经纱	样纱 / 成分	纱样纬纱	样纱 / 成分
A		A	
B		B	
C		C	
D		D	
E	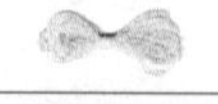	E	
F		F	

穿综图　组织图A　组织图B

组织图C

1A 12B 4C 4B 1A

经纱排列

纬纱排列

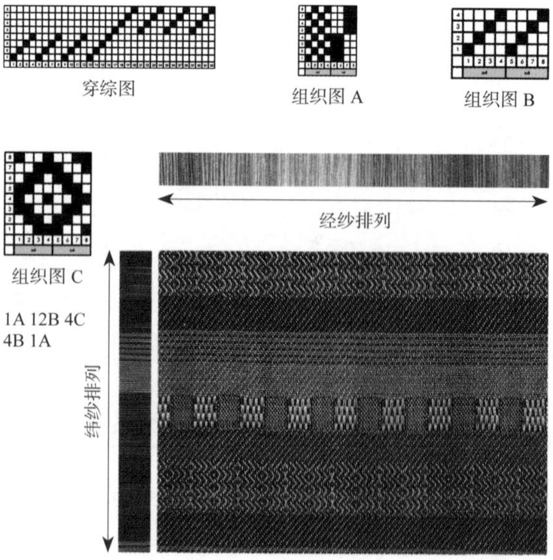

图5-184　形韵（白紫薇）

167. 作品名称：更自然的花

设计说明：花是对瞬息的隐喻，本身就足够美丽，只要用心体会就能发现这个世界上的美，如果去尝试一些罕见的、猛烈的东西，就会得到"更自然的花"（图5-185）。

综片数：8

筘号 × 穿入数：40×2

下机经密 × 下机纬密：160×163

经纱排列：8A 12C（1C 1D）×12 20D（1D 1E）×12（1C 1F）×36 12C（1C 1B）×16 16B（1C 1B）×16 8C（1C 1F）×12 8C

纬纱排列：16A 2B（1A 1B）×2 2A（1B 1A）×4 16B（1C 2B）×4 2C 1B 17C（1A 1C）×6 2A 1C 1A

纱样经纱	样纱／成分	纱样纬纱	样纱／成分
A		A	
B		B	
C		C	
D		D	
E		E	
F		F	

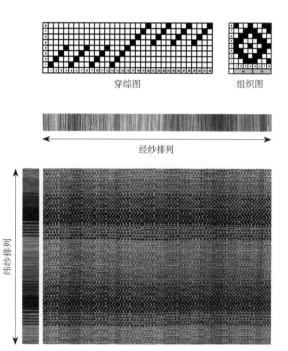

穿综图　　　　　组织图

经纱排列

纬纱排列

图 5-185　更自然的花（白紫薇）

203

第五章　机织物创新设计案例

参考文献

［1］张大省，周静宜. 图解纤维材料［M］. 北京：中国纺织出版社，
　　2015.

［2］吴微微. 服装材料学：基础篇［M］. 北京：中国纺织出版社，
　　2009.

［3］董卫国. 新型纤维材料及其应用［M］. 北京：中国纺织出版社，
　　2018.

［4］杭伟明. 纤维化学及面料［M］. 北京：中国纺织出版社，2009.

［5］郭凤芝，邢声远，郭瑞良. 新型服装面料开发［M］. 北京：中国纺
　　织出版社，2014.

［6］张萍. 纺织品设计基础［M］. 上海：东华大学出版社，2017.

［7］周蓉，聂建斌. 纺织品设计［M］. 上海：东华大学出版社，2011.

［8］朱远胜. 服装材料应用［M］. 4版. 上海：东华大学出版社，
　　2020.

［9］张守运. 纺织服装面料设计与应用［M］. 北京：中国纺织出版社，
　　2023.

［10］谢琴. 服装材料设计与应用［M］. 北京：中国纺织出版社，2015.

［11］马旭红，罗炳金. 机织面料创新设计及应用［M］. 北京：中国纺织
　　　出版社有限公司，2023.

［12］萨拉·凯特利（Sarah Kettley）. 智能纺织品设计［M］. 万方，译.
　　　上海：东华大学出版社，2023.

［13］孙海兰，焦勇勤. 黎锦传统图案研究［M］. 海口：南方出版社，
　　　2020.

［14］张宝华. 2017年国际防染艺术展·传承与创新：国际防染艺术作品

集　传承与创新纺织艺术设计［M］. 北京：中国建筑工业出版社，2017.

［15］简·珊顿. 纺织服装面料设计与应用：机织物设计［M］. 王越平，译. 北京：中国纺织出版社，2020.

［16］杰妮·阿黛尔. 时装设计元素　面料与设计［M］. 朱方龙，译. 北京：中国纺织出版社，2010.

［17］杨颐. 服装创意面料设计［M］. 2版. 上海：东华大学出版社，2015.

［18］徐蓉蓉，等. 服装面料创意设计［M］. 北京：化学工业出版社，2014.

［19］克莱夫·哈利特（Clive Hallett），阿曼达·约翰斯顿（Amanda Johnston）. 高级服装设计与面料［M］. 钱欣，译. 上海：东华大学出版社，2013.

［20］孙荪. 面料造型创意设计［M］. 上海：上海科学技术出版社，2011.

［21］利百加·佩尔斯－弗里德曼. 智能纺织品与服装面料创新设计［M］. 赵阳，郭平建，译. 北京：中国纺织出版社，2018.

［22］约瑟芬·斯蒂德，弗朗西斯·史蒂文森. 国际时尚设计丛书：纺织品服装面料设计：灵感与创意［M］. 2版. 刘莉，赵雅捷，译. 北京：中国纺织出版社有限公司，2023.

［23］马颜雪，丁亦. 面料设计：从灵感到工艺［M］. 上海：东华大学出版社，2021.

［24］托马斯·查尔斯（Thomas Charles）. 纺织品在室内设计中的应用［M］. 北京：中国纺织出版社有限公司，2023.

［25］KEARLEY S. Woven Textiles: A Designer's Guide［M］. Marlborough: Crowood Press，2014.

［26］SALOLAINEN M，FAGERLUND M，LEPPISAARI A M. Interwoven－Exploring Materials and Structures［M］. Helsinki: Aalto University，2022.

［27］ISONIEMI L. The Patterned Mind，Creative Methods in Surface Design［M］. Helsinki: Aalto Arts Books，2019.

［28］VYGOTSKY L S. Play and its role in the mental development of the child [J]. Soviet Psychology, 1967, 5 (3): 6-18.

[29] MAJUMDAR A. Principles of Woven Fabric Manufacturing [M]. Boca Raton: CRC Press, 2016.

[30] ALIABADI F H M. Woven Composites [M]. Singapore City: World Scientific Publishing Company, 2015.

[31] HAYAVADANA J. Woven Fabric Structure Design and Product Planning [M]. New York: WPI Publishing, 2015.

[32] BEHERA BK, HARI PK. Woven textile structure [M]. Elsevier Ltd, 2010.

[33] HU JINLIAN. Structure and mechanics of woven fabrics [M]. Elsevier Ltd, 2004.

[34] LI X. Synthesis, Properties and Application of Graphene Woven Fabrics [M]. Berlin, Heidelberg: Springer Berlin Heidelberg, 2015.

后记

纺织产品设计是一个把中国优秀文化与纺织技术、纺织工艺与创新思想、市场需求与设计理念紧密结合的重要工作。纺织产品设计的基本要求是具有一定的独创性和科学性，发扬和传承中华民族精湛的织造技艺。纺织产品设计工作者进行产品设计和管理，要充分发扬创新精神，把严谨的科学态度和丰富的艺术想象力紧密结合起来，不断地完成和提高科学技术创新水平。

机织物创新设计在纺织品设计领域是非常重要的部分，需要掌握扎实的纺织面料学理论知识，不仅需要了解织造原理，也要了解常规用于织造的材料，如各类纱线等。学习和了解行业中不断产生的新材料、新工艺和新技术，结合艺术设计思维能力的培养、艺术设计方法和设计技能的基本训练，才能够具备创新设计的基本素质。对于机织物设计师来说，也同样要求具备织物的造型、艺术设计的审美、纹织的组织纹样及其配色技巧等方面的能力。

机织物设计师除需要具备专业的设计技能以外，还要能够在工作中发现问题，并提出解决问题的方法，有敏锐的观察力和丰富的想象力，从丰富的资料中概括提炼，以充实设计内容。具备创新意识和动手能力，符合市场需求，符合产品"适用、经济、美观"和"设计、生产、消费"相结合的原则，用最少的消耗，设计生产出尽可能完美的产品，取得尽可能大的社会经济效益。

关于更多纺织品设计创新拓展内容，可参见中国大学MOOC《未来纺织品设计思维与方法》线上课程。

207